瑞贝卡 · 亚历山大（Rebecca Alexander）

12岁那年，她开始意识到自己有问题，耳朵里经常出现莫名的噪音，开始看不清黑板，她的身体动作也比旁人笨拙。

19岁那年，她第一次从医生那里得知，她将来会失明，也会失聪，这病没法治，她永远也不会好了。

她被诊断出患了罕见的基因突变Ⅲ型乌瑟尔综合征，而目前并没有有效的治疗方法。

Rebecca Alexander

面对这样的灾难，没有人知道可以做什么。

也许很多人会满怀悲观地去等待着最糟糕一刻的到来。

瑞贝卡经历了父母离婚重组新的家庭，经历了喝醉酒从二楼窗口跌下几乎摔断全身的骨头，经历了一天比一天变得更加糟糕的视力和听力。

但她仍然选择努力地生活，吸引自己喜欢的男孩，热烈地爱，健身，上大学拿硕士学位，考驾驶证，参加极限运动。

瑞贝卡所做的是直面生活中的每个挑战。

即使视力和听力每一天都在衰退，瑞贝卡也坚持让自己的生活一天比一天更加丰盛。

Rebecca Alexander

她获得了哥伦毕业大学双硕士学位。

她是一名出色的运动员，担任动感单车教练，还经常参加极限耐力运动。

她还是一位非常受人欢迎的心理治疗师。

她有一只小狗，还有最好的朋友陪伴。

他们在生活中互相照顾，在纽约一起生活。

她感激自己拥有的一切，也更加珍惜被大多数人忽略的简单快乐。

这是一本让人看完之后深受感动的书，我们无法预计自己会遭受怎样的磨难，但我们至少可以选择用怎样的态度去面对不幸。

面对不被眷顾的人生，瑞贝卡选择了原谅上天的残忍，勇敢地接受了一个并不完美的自己，然后用最大的努力去享受生命中的每一天。

瑞贝卡用她的故事让我们知道，即使是在生活中最恐怖、最孤独的时刻，也不缺少欢笑、爱和希望。

Not Fade Away

A Memoir of Senses Lost and Found

与不被眷顾的人生握手言和

[美] 瑞贝卡 · 亚历山大 Rebecca Alexander 萨沙 · 阿尔珀 Sascha Alper 著

王岑卉 译

企业管理出版社

ENTERPRISE MANAGEMENT PUBLISHING HOUSE

图书在版编目（CIP）数据

与不被眷顾的人生握手言和 /（美）亚历山大，（美）阿尔珀著；王岑卉译.
—北京：企业管理出版社，2015.8
书名原文：Not Fade Away
ISBN 978-7-5164-1098-1

Ⅰ.①与… Ⅱ.①亚… ②阿… ③王… Ⅲ.①成功心理—通俗读物
Ⅳ.①B848.4-49

中国版本图书馆CIP数据核字（2015）第158170号

北京市版权局著作权合同登记 图字：01-2015-4431

书　　名：与不被眷顾的人生握手言和
作　　者：（美）瑞贝卡·亚历山大　（美）萨沙·阿尔珀
译　　者：王岑卉
责任编辑：张　羿
书　　号：ISBN 978-7-5164-1098-1
出版发行：企业管理出版社
地　　址：北京市海淀区紫竹院南路17号　邮编：100048
网　　址：http://www.emph.cn
电　　话：编辑部（010）68453201　发行部（010）68701638
电子信箱：80147@sina.cn　zhs@emph.cn
印　　刷：北京鹏润伟业印刷有限公司
经　　销：新华书店
规　　格：166毫米×235毫米　16开本　印张17.75　190千字
版　　次：2015年8月第1版　2015年8月第1次印刷
定　　价：36.80元

谨将本书献给对我的一生影响最大的两位女性：

我的妈妈泰瑞·平克·亚历山大，
以及我的继母波林·福克斯。

与不被眷顾的人生握手言和

善良是一种聋人能够听见，盲人能够看见的语言。

——马克·吐温

虽然世间充满了苦难，但也充满了战胜苦难的方法。

——海伦·凯勒

1

尽管医生的办公室很暖和，我却感到了刺骨的寒意。我是个加州女孩，今年19岁，第一次在密歇根大学过冬。在这儿，寒意似乎无处不在，挥之不去。在去医学院的路上，我的头发和衣服上都积了厚厚一层雪。尽管头发和衣服早就干了，但我还是能感觉到从脚底传来的阵阵寒意，这让我的腿生疼，走起路来拐得也更厉害了。

医生的办公室既简朴又敞亮。我坐下来，漫无目的地四下看了看，然后把腿盘起来，心不在焉地搓着脚踝，想着自己过去进过多少个类似的房间。先是长达几天的检查和等待，然后是更多的检查，更多的等待。这次我来是因为耳鸣。刺耳的噪声已经持续好几周了，就像我被丢在了你能想到的最吵的摇滚音乐会上似的。有时它会盖过其他声音，有时它则像背景音乐一样。

这让我夜不能寐，简直要抓狂了。我知道这种症状叫什么——耳鸣，但这根本无法描述我的感觉。我觉得这个声音既像是从外面传来的，也像是从我脑子里发出的。它振荡着我的鼓膜，声音是那么响亮，我简直不敢相信别人竟然听不到！别人对我说话的时候，无论周围有多安静，我都需要他们提高音量，要不就索性趴在我耳朵边上说。这就像是消防车呼啸而过的时候，你得大声说话，对方才能听见。求求你放过我吧，我不断这么想。当时我还不知道，这个声音不但不会离开，还会和我长期相伴。很快，我就学会了和它共处。这种声音是如此熟悉，以至于我很难意识到自己有耳鸣。

门开了，一位40来岁的大夫走进来，后面跟着几个局促不安的实习医生。他们在旁边挤来挤去，争夺观察病人的最佳位置。大夫开门见山地问我，可不可以让这些实习医生观摩诊断过程。我点了点头，冲他们笑了笑，但其实我心情很糟，因为我看得出来，自己的情况不太妙，医生会向他们展示任何人都不想听到的诊断。他们都躲避我的目光，低头假装忙着看笔记。他们还没有掌握医生式的笑容，就是那种医生始终挂在脸上的，即使面对坏消息也不会消失的笑容。

◆ ◆ ◆ ◆

尽管我直到12岁才意识到自己有问题，但其实问题早就存在了，只不过最初的征兆太不明显，没有引起大家的注意罢了。我家里一直很热闹，附近所有的小孩都喜欢来我家玩，所以屋里总是充满了笑声、音乐声和争吵声。我和弟弟们都很好动，打架时不管不顾，总是边追边打。朋友来玩儿的时候，我们动不动就尖叫，或是蜷在睡袋里从长长的楼梯上滚下去，或是满屋子疯跑。这一切都掩饰了我笨拙的举止——我总是被东西绊倒，撞到东西上，或是弄伤自己。作为家里3个孩子中唯一的女孩，我决定要像弟弟们一样坚强。虽然丹尼尔和我是双胞胎，彼得才3岁，我却总觉得自己才像家里最小的那个。丹尼尔既聪明又帅气，还很擅长运动，在各个方面都是超级明星。我决心要赶上他。

跳芭蕾的时候，我也是最笨拙的那个。我动作不协调，毫无平衡能力。我不停地抹平粉色紧身衣上的皱褶，想要变得更优雅。但无论我多努力，都没法保持平衡或维持某个姿势，也没法像其他女孩一样轻盈起舞。我那严厉又死板的教练总是大喊“瑞贝卡”，所以我开始逃课了。我会躲进更衣室里偷吃饼干，免得再丢人现眼。

还有其他的一些迹象，比如我侧着头看电视的样子。我会用左耳对着电视，从眼角斜着看。我还经常走神，尤其是坐在教室后面的时候。老师管我叫“梦想家”，连我都知道这是在说我“注意力不集中”。但没有一件事严重到能引起我那忙碌而喧闹的家人们注意。

不过，只追溯到我的童年还远远不够。没有人能想象得到，早在丹尼尔和我这对龙凤胎在妈妈肚子里抱成一团的时候，悲剧和喜剧就分别在我俩身上埋下了种子。再往前，就要追溯到东欧，或许是基辅，也就是我爸爸妈妈的祖先生活过的地方。在无数场战乱过后，东欧人口锐减，出现了近亲通婚的情况。就这样，一个突变的基因悄悄留在了我的身体里，无人知晓，直到我12岁开始看不清黑板的时候。

◆ ◆ ◆ ◆

尽管我家里很闹腾，很少有清静的时候，但我常常快乐地回忆起儿时的喧闹，回忆起那些嬉笑、聊天和没完没了的歌唱。我们几个孩子都努力显得比其他人聪明，因为我们知道这样会让爸爸妈妈开心。于是，我们家里总是充斥着俏皮的笑话和机智的反驳。我妈妈过去是名专业歌手，我们常常在她弹钢琴的时候围在旁边夸张地大声歌唱，假装是在百老汇演出，直到她站起身来，领着我们边唱边跳地上楼去做作业。那个时候，我一点儿也不喜欢安静的地方，独自一人的时候会浑身不舒服。只有打开电视或播放音乐，弄出点儿声响，我才会觉得开心，感到放松。现在则截然相反，安静的地方反倒成了我的救赎。

到我10岁的时候，一切都变了。那时，距离家人注意到我的视力问题还有好几年，家里出现了一种新的噪声。起初，那只是从牙缝间挤出来的不易察觉的低声抱怨。最后，爸爸妈妈之间的战争已经升级到了大吵大闹。我和兄弟们不得不冲过去劝架，求他们不要再吵了，或是做一些让他们开心的事，只要他们不继续吵架就行。等他们注意到我有点儿不对劲儿的时候，我的爸爸妈妈已经分居，陷入了“看看这样能不能解决问题”的僵局。当然，我们都知道这么做起不了任何作用。

我告诉爸爸自己看不清黑板以后，他觉得我可能需要配眼镜，所以带我去验了个光。在检查过程中，医生总是皱着眉。这么多年以来，我对这种表情的含义已经了然于胸。检查完毕后，他告诉爸爸，我眼球后面似乎有些东西，需要进行更全面的检查，但他这里设备不足，他也无法做出专业评估。于是，我们去找了眼科医生，后来又找了一位接一位的眼科专家。我们去了加州大学、旧金山大学和斯坦福大学，去请教那里的专家。视力表换成了越来越复杂的设备和测试，其中一个测试需要我戴上硬邦邦的镜片，上面有几根线接在我的眼球上，还有一个测试需要我尽可能久地盯住亮光，不许眨眼。我一直很纳闷，配个眼镜要这么麻烦？

每一次，我都等着医生面带微笑地走出来，冲我们点头致意，说他已经弄清了，没什么大碍，马上就能搞定。有一个测试我做过好几次，医生让我在看到小光点后揿下按钮。有时候我明明什么也没看到，却揿了按钮，因为我希望让每个人都满意。我想在测试里表现出色，让每个人都夸我做得好，戴一副可爱的眼镜回家，不用再惦记我的眼睛、爸爸妈妈的争吵和他们看我时那忧虑的眼神。我想考虑那些12岁的孩子应该考虑的事，和朋友一起出去玩，煲电话粥，讨论男生，聊有没有男孩子喜欢自己，聊在即将到来的中学舞会上要穿什么裙子。

最后，诊断结果出来了。医生告诉我爸爸妈妈，他们认为我得了“视网膜色素变性”，一种无法治愈的遗传病。我视网膜里的细胞正在慢慢死亡，他们预计我成人后很可能失明。我的爸爸妈妈必须决定用什么样的方式告诉我这个消息。你会怎么告诉你的孩子呢？你能用什么样的话给一个小女孩解释这件事？我无法想象，当他们得知女儿在未来的某一天将再也无法看见爸爸妈妈和兄弟，再也无法看见整个世界的时候，内心是多么痛苦。

打一开始，妈妈就确信我应该得知真相，应该弄清自己的身体状况。她觉得，我知道得越多，越有利于在精神和身体两方面做好准备，直面未来。她坚持表示，如果我知道了真相，我就会理解，为什么很多事我做起来都那么难，我就会理解，看不见空中飞过的网球、跳舞时笨手笨脚、晚上去厕所时总会碰到东西并不是自己的错。她知道这是个挑战，但我别无选择，只能勇敢面对。她相信，即便我年纪很小，也应该了解真相。

我爸爸则强烈反对。在他眼里，我还是他的小宝贝。他害怕让我听到那个他用“B打头的”来掩饰的词——“失明”（Blind）。他认为应该把消息一点一点透露给我，让我有足够的时间去消化和接受。他让医院和抗盲基金会把资料寄到他的办公室，以免让我看到。起初，我只知道自己的视力越来越差，特别是晚上很难看见东西。我的视力和听力都是缓慢衰退的，没有对儿时的我造成很大的冲击。但我不确定，如果爸爸妈妈一开始就把真相告诉了我，我会不会理解。一个12岁的孩子怎么想象得出失明是什么样子呢？

◆ ◆ ◆ ◆

回到我19岁那天，在密歇根那个温暖的办公室里。医生坐在我对面，把诊断书递给我，实习生们纷纷尴尬地避开眼神。医生没有转弯抹角，而是友善而直接地告诉我，我将来会失明，也会失聪。

他告诉我，这是一种遗传疾病。尽管根据我目前的症状还不能断定，但他怀疑我得的是乌瑟尔综合征。这种病的主要症状是视力和听力同时衰退，但他以前见过的病例年龄都比较小，主要是先天性耳聋或童年就出现类似症状的人。当时，这些细节对我来说已经不重要了，我只记住了头一句话。那两个词仿佛给了我当头一棒——失明、失聪，失明、失聪——即使是耳鸣也不能淹没这个声音。我仍然努力保持微笑，在恰当的时候点头附和，努力做个合格的病人。

现在回想起来，我本不至于那么震惊的。我已经不是第一次听到“失明”或“失聪”了。我知道自己视力下降得越来越快，听力也越来越糟糕。或许是我过去一直没有做好获悉真相的准备吧。这是第一次有医生对我和盘托出，让我了解自己的状况。我第一次真正理解了这件事。我将来会失明，也会失聪，这病没法治，我永远也不会好了。

我努力提出一些问题，问他我应该做什么样的准备，失明、失聪会在什么时候到来。但我得到的回答全是微微摇头和“抱歉，我们也不清楚”。得到答复后，我微笑着向他表示感谢，然后站起身来。我镇定地站在那里，和其他医生道别，然后走了出去，努力不让自己显得软弱。我知道，他们肯定在背后对我的遭遇感慨不已。我离开医院，走进风雪中，但这次我丝毫没有意识到寒冷。

等我回到宿舍的时候，我已经很清楚自己听到这个消息后应该做什么了。那就是，什么也不做。我没有立刻通知爸爸妈妈，也没有去校园里找丹尼尔，更不想被一群朋友或爱慕者团团包围。我回到房间里，摘下帽子，放下长发，让它们遮住耳边的助听器。我知道，我带男生回家的时候还是会偷偷摘下它们，塞进床垫下面。我知道，我还是会尽一切努力，在不提及视力问题的情况下弥补糟糕的视力。有时候，我觉得这就像是命中注定的悲剧，和我12岁的时候没有什么不同。要是我在视力测试中做得更好，或许我的爸爸妈妈就不会离婚，或许我就不会遭此厄运。或许，当我知道自己会失去什么以后，时光可以倒流，我可以不站在这里。当时，我觉得自己即将失去一切。

2

乌瑟尔综合征是很罕见的疾病，大部分人都没听说过这种病。它得名于英国眼科专家查尔斯·乌瑟尔。1914年，他在一位69岁的盲聋患者身上发现了这种遗传病。

Ⅰ型乌瑟尔综合征的患者一生下来就听力极弱或全聋。由于内耳无法正常运作，患者会因为眩晕而极度缺乏平衡能力，通常助听器也起不了作用。到10岁左右，患者的视力就会开始衰退，通常会在不久后失明。

Ⅱ型乌瑟尔综合征患者通常症状稍轻，他们一生下来听力就有缺失，但平衡能力还不错，而且在青少年时期之前都能保住视力。

我患的是Ⅲ型乌瑟尔综合征，症状是最轻的。这么看来，我已经够幸运的了。为什么不这么看呢？我出生的时候听力和视力几乎没有问题。这种病的发作过程非常缓慢，而且一开始并不明显，患者通常成人后才会失明、失聪。

在备受失明和失聪困扰之前，我还能拥有一段正常的生活。为此，我已经谢天谢地了。妈妈为没有及时发现我的症状而内疚，但就算她注意到了也不能改变什么，所以让我在毫无察觉的情况下度过童年的快乐时光或许更好。我的家人在很久以后才想到了基因测试，但在当初，因为没有出现丝毫征兆，他们连这个念头都不曾有过。我的爸爸妈妈在很多年里都不用为女儿担忧和伤心，不用想到女儿会失去视力和听力，甚至有可能一出生就又盲又聋。

对我来说，这些年来我没有被区别对待，没有感到孤单，能在病症显山露水之前得到一些人生体验，这就够了。我觉得很幸运，因为病症没有在我孩提时就显露出来，我的眼睛和耳朵还有机会去感受世界。我看见过那么多美好的事物，阅读过那么多优秀的书籍，凝视过那么多人的双眼，倾听过那么多的音乐和笑声，还有每个我爱的人的声音。我留下了许多美好回忆，即使双眼和双耳再也无法获得新的体验，这些回忆也将永远铭刻在我的脑海里。

3

视力正常的人不用转头，可视范围就有180度，而我如今只有不到10度。科学家对视网膜色素变性的解释是，视网膜（也就是我们在生物课上学到的，由感光的视锥和视杆细胞组成的东西）渐渐死掉了。但说它的别名“甜甜圈视野”或许更容易理解。我的可视范围里有一个甜甜圈形状的盲区，“甜甜圈”在不断扩大，圈里的洞每天都在缩小。在甜甜圈的外侧，也就是可视范围的边缘，我还能看见一些东西。通过甜甜圈里的洞，我也能看见正前方的东西。但除此以外的部分，也就是被甜甜圈挡住的地方，我统统看不见。我只能看见正前方1平方英尺①大小的地方，而且它的面积每天都在缩小。有时候，我感觉就像是过去电视上华纳兄弟卡通片的片尾一样，兔八哥

① 1平方英尺约为0.09平方米。

在屏幕中央向观众挥手道别，画面不断向中间缩小，缩成一个小圆圈，最后只剩一片黑暗。就是这么回事。

视力刚开始衰退的时候，我走在熟悉的地方，还能用记忆去弥补看不见的部分。在更年轻一些的时候，我会迅速地来回转动眼球，把看到的图像拼在一起，组成一幅完整的画面。我后来还会这么做，但随着视力越来越差，甜甜圈里的洞越来越小，我已经无法避开所有盲点了。到了现在，只要是出现在我正前方视野里的人，都像是突然冒出来似的。我看不见他们朝我靠近的过程，只能看见他们冷不丁出现在了我视野中间的圆孔里。这就像一场既令人吃惊又叫人不舒服的魔术表演，我永远也无法习惯。

通常，我的大脑会编造图像，弥补我缺失的视野。有很长一段时间，我都会在家里的书桌边上搁一口煎锅。因为我用电脑的时候，大脑会在我的视野盲区里不断生成图像，有时我会看见一个人走过我的房间，有时则会看见一个人站在我肩膀后面。我会喘着粗气从椅子上跳起来。然后，就像恐怖片里一样，那个人突然不见了。

如果我在强光下坐在某个人对面，我基本看不清他的脸，也看不见他的表情。他的眼睛注视着哪里，嘴巴是否一张一合，他的脸颊是怎么运动的，他的眉毛是怎么起伏的，我甚至连轻微的摇头或点头都看不见。我能看见一些片段，但看不到整个画面。如果有人在一个又吵又暗的房间（比如昏暗的酒吧或餐馆）里向我介绍陌生人，一般情况下我不但记不住那个人的名字，还无法确定他们站在哪里，不知道该朝哪个方向张开双臂，所以我只能尽力而为。我通常会搞砸，有时甚至弄不清对方是男是女。有一次，在一家人头攒动的俱乐部里，朋友向我介绍了她的一个熟人。她去取饮料的时候，我们单独待在一起。尽管我几乎看不见他，也听不见他的声音，我还是几次朝他转过身去，谈论俱乐部里的音乐和人群。我不确定他是什么时候离开的，也不知道他有没有向我道别，只知道自己一直在说个不停。直到我伸手打算去碰他的胳膊时才发现，我其实一直在对着桌子旁边的柱子说话。我还没有喝酒呢，就醉成这样了！幸运的是，我看不见周围人的反应。说实话，我太习惯看不见也听不见别人了，所以几乎不会觉得尴尬。类似的事情发生时，我只能一笑而过，不然还能怎么做呢？医生说我会在30岁的时候彻底失明，但我现在已经34岁了。每天早上起床的时候，我都觉得自己得到了上天的眷顾。

每一天，卡通片片尾的那个圆圈都会缩小，而我一直在竭尽全力与它抗争。

4

我能记起的第一次说谎是在我7岁的时候。那天下午，我隐约听到了冰激凌车传来的仿佛有魔力一般的音乐声。不管是什么时候，我们只要一听到这个声音（有时竟然是我最先听见的，现在看来真是不可思议），就会立刻放下手中的事，竖起耳朵仔细地听，就像猎犬关注远处的动静一样。我们会屏住呼吸，听着音乐声由远及近。等到声音足够清晰了，我们就会争先恐后地从后院跑回屋子里，翻出存钱罐，取出珍藏的硬币，然后三步并作两步地飞奔下楼，冲出前门。这个时候，冰激凌车通常刚好开到我家门口。

在这样的一个下午，我冲进屋子，打开小猪存钱罐，却发现里面只有几枚锈迹斑斑的硬币了。我只好赶紧开动脑筋！一听到丹尼尔跑下楼的声音，我就立刻冲进他的房间，从他的存钱罐里“借”了点儿零钱，好买个冰激凌。我不知道他会不会发现，但我知道自己必须一口咬定没有从他那里拿过钱。当然，他很快就发现钱少了。当天晚上，妈妈就来问我有没有拿过他的钱。虽然几个钟头前刚吃的冰激凌还没消化呢，但我却认定，只要矢口否认，我就不会被当作小偷。所以，我就这么办了。我死活就是不承认，尽管当时除了我之外没有人能拿走那笔钱。我确信，他们都知道就是我干的。但这些都不重要，因为我知道，如果承认的话，我将无法忍受妈妈声音中流露出的失望。没能成为妈妈心中的“好女孩”，我已经对自己很失望了。

如果你去问我妈妈，她一定会告诉你，我是最漂亮、最宝贝、最完美的小女孩。而且，她确实是这么想的。她会说，她不能为我感到更自豪了，我是独一无二的，我比很多视力和听力健全的人做得还要好。她发自内心地相信这一点，但我却从来不这么想。我知道，自己永远也无法像妈妈那样，无论做什么事都优雅从容。她是那么迷人，又有女人味又能干。有时候，我觉得自己并不是她渴望拥有的女儿。我觉得自己知道她想要谁当她的女儿——我最好的朋友，梅丽莎·纽沃特。

梅丽莎是个完美的孩子！她娇小玲珑，手指纤细，擅长弹钢琴，而且相貌可爱，五官精致，毫无瑕疵。她还非常聪明，举止得体，礼貌懂事。总而言之，她是每个家长都想要的那种孩子。当然，我妈妈也不例外。所以，她每次来我家玩儿的时候，我都会欺负她。如果她威胁说要向我妈妈告状，我就把她锁在屋里，紧紧关上门。但我一把她放出来，她就会立刻冲进我妈妈的房间，一头扑到她怀里。妈妈安慰她的时候，我心里既害怕又内疚。但我特别恨梅丽莎，因为她总是那么优秀，又那么诚实。

至于我嘛，我只觉得自己笨手笨脚，反应迟钝，爱做白日梦，邋邋遢遢，又爱运动。我试着成为我觉得妈妈想要的样子，但我清楚自己办不到。自打记事以来，我就觉得自己必须成为和自己本性不同的人。我才7岁，就觉得自己不够好了。我很卑鄙，爱撒谎。就算别人不知道，我自己也知道，我不是个好女孩。

我们的自我认知是从何而来的？作为心理治疗师，我每天都看到人们深陷童年形成的思维模式，对自己的看法也停留在童年建立起的认知基础上。我清楚自己和妈妈是有区别的，但由于极度渴望成为和她一样的人，我深信每点不同都是自己的错。

我8岁的时候，妈妈给我办了个洋娃娃派对。这肯定是她的主意，因为我可不是那种喜欢玩洋娃娃的小女孩。不过，既然她提起了这件事，我就只盼着椰菜娃娃做生日礼物了。然而，椰菜娃娃到处都买不到。那个时候，椰菜娃娃风靡一时，特别抢手，四处都断货。当然，梅丽莎有个椰菜娃娃，而且是卖得最好的那一款。她把它带到了我的生日派对上，就像带着真正的小宝宝一样，还用镶着花边的漂亮衣服把它打扮得特别可爱。派对上有娃娃餐桌、娃娃桌布、娃娃餐碟和娃娃餐巾，都是女孩子家爱玩儿的。这可不是我想要的派对，但我竭尽所能扮演自己的角色。妈妈走到桌子旁边，教我们唱歌给娃娃听。讽刺的是，其他女孩都抱着娃娃，唯独我抱着蒙哥马利麋鹿——那只丹尼尔最喜欢的动物玩偶。妈妈用美妙的嗓音唱着歌，所有女孩都陶醉不已，只有我例外。这场派对留下了一盒录像带。在录像里，梅丽莎用标准的姿势抱着她的宝宝，一边轻声对它唱歌，一边温柔地抚摸那完美的小娃娃。我和丹尼尔挤在桌子前面的一把大椅子上，心不在焉地望着某个地方，蒙哥马利麋鹿无精打采地垂在我的胳膊上。丹尼尔办过一个西部主题派对，我觉得那个更有趣。

我不是那种特别聪明的孩子，但我会用想象力弥补智力的不足。我头脑里有一个栩栩如生的小世界。现在我知道，老师管我叫“梦想家”，说我爱做白日梦，是因为我没法像正常人一样去听去看。他们说得没错，我更喜欢自己幻想的世界，因为我能变成自己想做的人，还能把觉得不好的东西通通变成好的。我常常在晚上入睡前这么做，因为我很怕黑，也怕做噩梦。有好几年，我一直睡在丹尼尔的屋子里，因为我在朋友家看了恐怖片《十三号星期五》。那时我太小了，看完以后很害怕，不敢一个人睡。后来我想了个办法，就是在脑海里循环播放某个快乐的故事，直到睡着。小时候，我想象的是像《胡桃夹子》里的克拉拉一样翩翩起舞。稍微长大一些后，我会想象自己喜欢的男孩准备亲吻我。我会反复播放他倾身过来的画面，一遍又一遍，直到睡着。

当然，我的梦里并非只有幻想。在童年的很长一段时间里，我都会在头脑里编织栩栩如生的谎言，最后连自己都信以为真。这些谎言都没有恶意。小时候，我撒谎大多是为了避开麻烦，但麻烦往往会自己找上门来。

随着年龄的增长，我撒谎的水平日益精进。但就像多米诺骨牌一样，每个谎言都需要更多的谎言来掩盖。它们很荒谬，也完全没必要，但我就像有强迫症似的，想让自己看上去比真正的自己更好。

我还记得七年级的时候，有一次在电话里跟喜欢的人聊天。我想取悦他，就告诉他我认识名模辛迪·克劳馥，就像这能提高我在他心目中的地位似的。现在想起来，那可真够荒谬的。但想想当时，我是多么渴望得到别人的认可啊。我觉得需要某些东西让自己显得更好、更酷、更与众不同。

我还告诉过另一个我想取悦的人，我要为青春杂志《十七岁》拍一组照片，需要找个模特。我向他提了一大堆问题，比如他想穿什么，摆什么姿势。我坐在厨房里，一边打电话，一边绕电话线，就像我真的把他的回答记下来了似的。我都差点儿相信自己说的这个荒谬的故事了。我记得有一次，一群男孩打电话过来，拿我过去撒的谎取笑我。我就像小时候做过的那样，否认，否认，再否认。

或许，这就是我发现自己的视力有问题时没有特别吃惊的原因吧。这印证了我一直以来对自己的认知。我是对的，我有严重的缺陷，永远也不可能达到完美。

从这个意义上看，我说过的所有谎言都是有意义的。它们都为即将到来的更大的谎言做好了准备。就在我藏起助听器，掩盖视力问题，尽可能装成和别人一样的时候，我已经把撒谎的技巧磨炼得炉火纯青了。

后来，我又开始偷东西。有一天，我和朋友杰米从商店里偷了支口红，下午回家的路上又在地上发现了一根香烟。于是，我们就躲在后院门廊的地板下面，涂上偷来的口红，一起抽烟玩儿。青少年时期，我从J. Crew和“维多利亚的秘密”这些服装店里偷过很多东西。我追求的是一种释放，一种快感。每次，我都能从中得到很棒的体验。我内心深处隐约觉得是这个世界亏欠了我。我长大以后就是这么看事情的——我做的只是让天平保持平衡。

当然，这个世界其实并不亏欠我，它不欠任何人任何东西。是我亏欠了世界，也亏欠了自己，因为我总想做得更好。尽管我当时还无法领会这一课的深意，但我日后会反复接受教训，直到寸步难行。

5

我还是个小女孩的时候，很喜欢去新墨西哥州的圣达菲找我妈妈的妈妈，也就是我的外婆埃塔。我很钦佩外婆，因为她虽然已经92岁高龄，却一直保持着独立的精神。她每天清晨都会去密歇根湖里游泳，过节时还会穿上漂亮的纱丽。她给我们读书的时候是那么生动，把每个角色都念得活灵活现的。我最喜欢外婆给我读《爱洛依丝》（*Eloise*）。外婆能完美地展现出主人公那充满朝气、略带顽皮又有些孩子气的口吻，我则静静坐着，陶醉其中，希望她能永远这么读下去。

每当听到车轮碾在小石子上的声音，我就知道离外婆家不远了，会高兴地从座位上跳起来。这个声音并没有什么特别的，但我很喜欢它，至今还能清晰地回忆起来。

我们会在圣诞期间去外婆家。尽管我们是犹太人，但在平安夜，妈妈还是会给我们几双小袜子，让我们体验一下朋友们能享受到的乐趣。然后，我们会沿着石子路一直开到镇上。道路两旁张灯结彩，充满节日气氛，还有很多印第安妇女摆摊。她们会把首饰放在毛毯上展示出来。那些首饰色彩非常鲜艳，有从绿色过渡到蓝色的华丽项链，还有镶着艳红、翠绿、明黄色珠子的手镯和发夹。我们会看节日舞蹈表演，听圣歌合唱，还有裹着头巾的男子踏着有力的鼓点跳舞。我很喜欢奥克兰和伯克利的缤纷色彩。那里有石子铺成的道路，也有高耸的桉树、橡树和红杉。在亮色背景的掩映下，石子路会呈现出西南部那种微妙的色调，也就是砖红、深紫和深棕的融合。

到了晚上，我会坐在秋千上，外婆那条忠实的德国牧羊犬蒂利则会趴在我脚边。在眺望落日余晖从金黄、艳红变成深紫的过程中，我的脚指头会不时扫过它身上。晚风轻拂，外婆家秋千架上的铃铛会叮当作响。铃声、落日和蒂利温暖的身体，会让我心中充满喜悦。

我记得自己最后一次看到满天繁星，就是在去外婆家的一个晚上。那是我9岁或10岁的时候。当太阳落山，黑夜带来一丝寒意的时候，我们就会穿上外套，坐在小屋外面，抬头望向满天星光。整片星空仿佛都是属于我们的。

现在我住在曼哈顿，已经很难看见点点繁星了。即使是运气比较好，能看见星星的时候，我也只能看见那些最亮的星星。尽管身边的人会告诉我，其实幽暗的天空中早已布满星星，每一颗都闪烁着钻石般的光芒，但即使特别幸运，我也只能看见一两颗。但这并没有让我感到沮丧，反而让我觉得欣慰。即使只能看见一颗星星，我也很高兴。我能看见一颗星星，一颗万里之外的星星！天空还是繁星密布，虽然我的视力只够看见一颗，但其他的可以用想象来弥补。有朝一日，我将不得不靠回忆来想象它们，但在此之前，我还有很多时间去欣赏它们。我为此感激上天！

对我来说，有很多体验是已经受限或消失的，还有很多会在日后渐渐消失，其中一些或许很快就会消失。我为现在还拥有它们感到幸运。我想，只能看见一颗星星，或许比视力健全的时候看见满天繁星更能让我学会感恩。

6

在我和兄弟们的记忆中，我们的家庭和童年都无比美好。我们总是亲密无间，像小狗仔一样互相比拼，比谁最聪明、最有趣、最惹人关注。妈妈工作一天回到家后，就会给我们下厨做饭，为我们唱歌弹琴，安排我们练球、学琴。爸爸声音洪亮，谈笑风生，擅长社交。他身高体壮，我们小时候有一次还缠着他把我们3个同时背在身上走来走去。他在气头上的时候也会朝我们大吼，虽然这种情况并不多见，但我非常害怕。爸爸妈妈在一起的时候就像天生一对。我很喜欢家里挂着的那张五人全家福。在照片里，爸爸站在妈妈身边，显得特别高大，他巨大的手掌紧紧搂着妈妈瘦弱的肩膀，我和彼得、丹尼尔则站在前排咧嘴大笑。那个时候，我会用手指在照片上用力摩擦，想把每张脸上的嘴巴合拢，让它们歇会儿。我坚信，我们是完美的一家人。

爸爸妈妈告诉我们他们要分开的那个晚上，开饭比平常早了些。由于对爸爸妈妈之间剑拔弩张的对话司空见惯，我们几个孩子聊天的时候都意识到他们的异常沉默。晚饭后，爸爸妈妈喊我们去他们的房间里开个家庭会议。我们过去从来没有开过家庭会议！我还记得，他们坐在桌子两端，谁都不看谁，我则坐在他们中间，忧心忡忡地来回看着他们，心里琢磨着到底有什么事不能在饭桌上说。我们收拾好桌子和厨房以后，彼得和丹尼尔一边打闹一边跑上了楼，我则拖拖拉拉地跟在后面。只有这一回，我一点儿也不想抢在前面。

我一直很喜欢爸爸妈妈的卧室。每次我走进他们的卧室，妈妈的香水、爸爸的鞋油和他那笔挺的西服散发出的味道，总让我觉得特别舒服。我、丹尼尔和彼得经常穿着睡衣躺在他们床上，冲着床头栏杆上能反光的铜球做鬼脸。铜球表面会映出特别滑稽的样子，惹得我们哈哈大笑。我们很小的时候，特别喜欢喊爸爸妈妈起床。我们周六早上看完动画片以后，就跑去他们的房间里，让妈妈帮我们做法式吐司，或者我家特色的蛋饼，让爸爸帮我们榨鲜橙汁。我们会爬到他们身上，加上妈妈熟睡的气息和爸爸身上淡淡的香皂味，构成了一幅温馨的家庭画面。

那天晚上，我们又爬上床抢位置。当然，每个人都想待在中间。这时，爸爸妈妈走了进来，轻轻关上了身后的门。大部分的话都是妈妈说的，我唯一记得的一句就是“我和爸爸决定分开”。过去，我只见妈妈哭过几次，都是在他们激烈争吵过后。我会觉得无比内疚，因为我只能眼睁睁看她哭泣，却不知道怎么帮她。但这一回，爸爸也流下了眼泪。我从没见过爸爸掉眼泪，这让我觉得特别无助，也特别恐惧。我无法理解，我那身强力壮的爸爸竟然也会精神崩溃。这和我了解的那个世界，和我深爱的那个男人实在太不搭了！我特别难受，感到一阵恶心，不禁呜咽了起来。我知道，他掉眼泪不仅仅是为了自己，还因为他们给我们带来了难以承受的痛苦。

我当时不知道，他掉眼泪还是出于内疚。他为自己的疾病、抑郁和狂躁感到内疚，而当时我和兄弟们对此一无所知。后来，我在兄弟俩身上发现了同样的行为模式，这可能是另一种遗传疾病。但当时，我看到的只是，我最爱的两个人要把我们的世界撕扯开了。

我和兄弟俩拼命恳求他们重新考虑一下，想办法重归于好。爸爸含着泪告诉我们，他也是这么希望的，他也想全家团圆，大家一起解决问题。但妈妈非常坚定，说她再也无法忍受孩子们从楼梯上跑下来给大人劝架了。压垮她的最后一根稻草是看到丹尼尔冲进客厅，在他们俩中间吃力地挡着，恳求说："爸爸！别再伤害妈妈了！"她无法忍受自己的孩子觉得必须保护妈妈免受爸爸的伤害。她也不希望我们认为，比她至少高出1英尺[①]的爸爸有可能伤害她。

我、丹尼尔和彼得以孩子的方式提出了很多绝望的、让人心碎的问题，觉得自己可以通过某种方式改变成人世界的进程。尽管目睹爸爸妈妈争吵的次数越来越多，我还是坚信我们是完美的一家人。爸爸妈妈解释说，他们决

① 1英尺约为0.3米。

定先试试“分开一阵”。但即便是在当时，我也能从妈妈的表情中看出，这是爸爸的主意。孩子们留在家里，他们会轮流跟我们在一起。这个主意在我看来简直是糟糕透顶，但我还是把它当救生艇一样牢牢抓住。我想，他们会想通的。

那是我们最后一次齐聚在爸爸妈妈的房间里。

◆ ◆ ◆ ◆

在很长一段时间里，我们都处于爸爸妈妈轮流照看的不确定状态。爸爸不在家住的时候，会待在一个亲戚那里，妈妈则在邻居家后面租了一间狭小的地下室。当我无法忍受她很长时间不在身边，想保护她、陪伴她的时候，就会去那里待上一阵子。我蜷缩在铺在地板上的紫色睡袋里，妈妈会和我挤在一起。除了一个小卫生间和一台迷你冰箱之外，那个小房间里什么也没有。我实在搞不懂，事情为什么会变成这样。她为什么宁肯在这里待着，也不愿和爸爸一起回家？到底有什么事这么可怕，让她宁愿选择这个地方，而不是合家团圆？不过我没有责备她，因为尽管爸爸是我见过的最善良、最宽厚的男人——有时他发起脾气来也挺吓人的。我只希望一切能回到原来的样子。

彼得为爸爸难过。他是长子，直到今天仍然深信我们是完美的一家人。他总是充当和事佬的角色，觉得妈妈应该再给爸爸一次机会。而丹尼尔似乎是我们三姐弟里最无所谓的一个。

当时，甚至是现在，这些记忆都密不可分地联系在一起：我的视力问题，爸爸妈妈的离异，我和丹尼尔、彼得在意识到爸爸妈妈离婚不可避免的情况下开始的新生活，在新、旧两个家之间跑来跑去——一边是过去充满笑声和音乐，如今却显得空荡荡的老房子，另一边是冷清而陌生的妈妈的新住处。我和兄弟原本就很亲密，那时团结得更紧了。我们从不孤单。我们既不谈论爸爸妈妈的离婚，也不过多谈论自己的感受，只是抱成一团取暖。不过，我们还是会有争论：我准备东西的时间太长了；彼得太专横了，老是把自己当家长；丹尼尔是最吵的那个，总在说话和唱歌，哪怕是发怒的时候也会把我们逗笑。但我们是一个集体。其他东西都可能改变，我们3个不会。

如果当时给我一个机会，让我从恢复视力和合家团圆中选择，我会毫不犹豫地选择后者。尽管我发觉，在视力衰退得越来越厉害的时候，听力也开始下降了，但爸爸妈妈离异对我仍然是更沉重的打击。

7

当爸爸妈妈正式分手，我又被诊断为视网膜色素性变的时候，他们都认为我最好去看心理治疗师。丹尼尔或彼得都不用，只有我。回想那个时候，我觉得倒是说得通，但我还是有点儿困惑。这也让我更加确信了我本来就相信的一件事——我是不正常的。我性格卑劣，身患残疾，在学校里也什么都干不了。我需要帮助，但我还没有把需要帮助和自己的残疾联系到一起。

杰米的办公室位于洛克里奇市场上面的一栋现代建筑里。我会坐在一张舒服的大椅子里，努力把注意力放在爸爸妈妈离异以外的事情上，而治疗师原本正是希望我聊这件事。我会被市场飘来的食物香气吸引，思绪飘忽不定。我唯一想做的就是冲下楼去买一块香喷喷的面包。为什么我不能坐在下面吃东西，或者跟朋友待在一起，回家和兄弟待在一起，却要独自坐在这里跟一个大人聊我的感受?

所以，杰米跟我说好了，她会带我下楼买面包，然后回到她的办公室，我则要对她说话。把注意力放在食物而不是自己的感受上，让我开口说话轻松了不少。有时我们会玩桌面游戏，有时她会让我看柜子里给年纪更小的孩子准备的玩具。我会用娃娃音说话。通常，只有在我不希望情况变糟，或者想拉近和别人的距离，让别人喜欢我的情况下，才会用这种声音说话。

杰米既温柔又亲切，听我说话的时候非常专注，和蔼的目光从未离开过我的脸庞。但我知道，我不准备履行诺言。我不会谈论爸爸妈妈的离异，不会谈论我的眼睛，也不会谈论任何其他真正重要的事。

我不会告诉她，当妈妈问我们爸爸有没有留下当月的抚养费，或是爸爸不耐烦地让我们“把钱给你妈”，就像妈妈在他心里只有这么点儿分量，再无其他干系的时候，我的感觉有多不爽。我也不会告诉她，爸爸那么快就又找了个人结婚，让我多生气，我才不会试着去喜欢后妈呢。

我不会问，为什么只有我坐在这里，为什么他们认为只有我需要接受心理治疗。

我不会告诉她，有时我发现爸爸妈妈看我的眼神充满担忧、恐惧和悲伤，还有我无法描述的复杂情感，我有多烦他们这个样子。

不，我什么也不会说。我只会坐在那里，慢慢啃那块柔软美味的面包，想尽一切办法忽略真正困扰我的事。

8

我还记得每年6月那些无眠的夏夜。我和兄弟们备好行李，躺在床上辗转反侧，等待闹钟在清晨6点准时响起。然后，我们就能下床出门，乘巴士去参加夏令营了。那是一整年里最开心的日子。

天湖夏令营是我生活中为数不多没有改变的事。即使在爸爸妈妈离异后，我们能在一个地方待上一整个月，而不用在几个地方之间来回奔波。每年夏天，我的生活会变得很简单：一间小屋子，几件泳衣和运动衫，成天玩耍，还有很快就会出现的亲吻。我在那里只是贝基（瑞贝卡的昵称），不是残疾人，不是离异家庭的孩子，也不是需要见心理治疗师的女孩。

当巴士开过威什恩的最后一个小镇，离营地越来越近的时候，我就开始伸长脖子朝前望去。一切都是那么熟悉，我甚至能认出每一棵树。很快，树影便越来越清晰，透过树丛能隐约看见巴斯湖上的粼粼波光了。我的身体越来越兴奋，大脑则越来越放松，进入到最安全、最幸福的状态，因为我知道，马上就要到自己最喜欢的地方了。回忆在那里度过的夏天，至今仍能让我找回最真实、最快乐的自己。

走下巴士，在山间松香四溢的清新空气里做个深呼吸，在乱哄哄的人群中寻找朋友，相伴度过剩余的夏天，在肾上腺激素催动的尖叫和呼喊声中相互拥抱……再也没有比这更棒的感觉了！又一个在天湖度过的夏天开始了！

我在天湖夏令营里最喜欢做的事，就是每天清晨被独一无二的鸟叫声唤醒。作为第一个醒来的人，我会继续躺着，倾听我最喜欢的鸟儿唱歌。它一旦唱起来，节拍就不会变了。它好像在唱“而贝雅特丽齐”（But Beatrice）。我知道这不可能，但我就是相信它在这么唱：“而贝雅特丽齐！”（我默数着拍子，一，二，三，四，五，六，七，八，九，十。）“而贝雅特丽齐！”……这并不是一首特别动听的歌。实际上，这首歌听上去似乎有些忧郁。但它每天早上都会在那里唱歌，从未让我失望，也从未唱错一拍。我一直想知道谁是贝雅特丽齐。

夏令营播放的起床号往往会打断鸟儿的歌唱。我还记得唱针搁在唱片上时那清脆的声响，记得自己是多么放松地听着它响起。当时我还不知道，10年后我会连面前的人说话都听不见。我当时也不可能知道，醒来后能听见大自然的声音，这样的记忆对我来说有多么宝贵。

9

我到了13岁，妈妈开始注意到，她叫我下楼时我总是毫无反应。起初，她以为我只是处于青春叛逆期，不想搭理她，但她很快就开始担心了。她说，只有一回她飙到了女高音，我才有了反应。因此，她去找了儿科医生给我检查听力。后来，我又做了很多很多的测试。棒极了！我正求之不得呢！她带我去奥克兰儿童医院看病，美国东海岸最顶尖的儿童听力学家安慰妈妈说，我丧失听力的可能性微乎其微。“13岁的女孩都不爱听妈妈的话。”她表示。但她承诺会给我做彻底的检查，就像眼科医生一样，会做很多的测试。我看得出，尽管医生说得轻描淡写，但那肯定是我做不好的测试。

我知道，显然我的听力也出问题了。

我不知道的是，测试完毕后医生把情况告诉了妈妈，她霎时间面无人色，问医生能不能重新做个测试。后来，医生给她带来了好消息——她本来担心我有脑瘤，但结果显示没有。但坏消息是，我出现了听力缺失。尽管目前只是中度缺失，却是双侧的，也就是说两只耳朵都有问题。由于我的眼睛也有问题，她担心二者是相互关联的，我的听力也可能进一步衰退。她建议我们再去看看遗传学家。

接下来的那个月，我爸爸妈妈最担心的事得到了验证，我的听力确实是在逐渐消失。医生确定我的听力在慢慢衰退，我将在某一天彻底失聪，但无法判断会是什么时候。据我爸爸妈妈说，那是医生口中第一次说出“乌瑟尔”这个词。不过，Ⅲ型乌瑟尔综合征的致病基因当时尚未发现。

爸爸妈妈一定承受了难以想象的痛苦，这让我至今难以释怀。他们好不容易接受了我有视力问题，如今又得知我会失聪，这一定让他们难以承受。我相信，他们比我还不好受。我简直无法想象他们离开候诊室时的心情。尽管我们已经不再是一家人了，我还是希望他们能给彼此最起码的安慰，比如相互拥抱，承诺共同面对——我就是这么幻想的。

奇怪的是，我的记忆力一向很好，却不知为何遗失了这一段。直到6年后密歇根那个寒冷的冬日，我才知道自己身上到底发生了什么事，我确信他们告诉过我，至少告诉过我大部分的事，但我19岁时听医生说出“乌瑟尔综合征”还是感到非常陌生，就像眼前出现了一片新大陆一样。我知道自己有眼病，还得戴助听器。我怎么可能不知道呢?

我想到了各种各样的理由，但最终认为还是出于这个原因——我不想知道！我还是个孩子，无法理解这件事。根据我的经验，十几岁的青少年不会考虑一周后的事。我怎么会想到过去发生的事竟有如此深远的影响？我怎么会注意到自己视力和听力的衰退有多迅速？人对自己不想了解的事充耳不闻的程度，实在是令人惊讶。

10

爸爸和他的第二任妻子波利是朋友介绍认识的。他们俩都喜欢金毛猎犬、棒球和奥克兰棒球队，认识不久后就闪电成婚了。当时我们还没能接受爸爸妈妈离异，以为他们只是在分居后试着“解决问题”。我是波利的伴娘，穿着一条罗兰爱思牌的裙子。整条裙子就像一条大花床单，脖领处还加了一块超大餐巾。婚礼本身已经够让我别扭的了，仪式还是在我们老房子的后院举行，那个我们一家人共同生活过的地方。妈妈曾在这座房子里为围绕着钢琴的我们唱歌，煮她最拿手的意大利面，我们曾在这里共度感恩节，换第一颗牙，迈出第一步。我站在波利旁边，她腰杆笔直，笑容满面，穿着一条只有像她那么苗条才穿得下的修身款齐膝裙。我慢慢环顾后院。爸爸曾无数次在这里烤三文鱼、汉堡和热狗。就在同一个地方，他曾将我、彼得和丹尼尔高高举过头顶，旋转嬉耍，直到我们因为头晕、兴奋而发出尖叫。我又伤心又迷惑，就像孩子常常感到的那样。因为有那么多事是我掌控不了的，我也想不通为什么会发生这些事。他们交换誓言的时候，我低头盯着自己的花裙子，不时朝丹尼尔和彼得那边看上一眼，看他们是不是比我开心。不，他们没有。

很快，我们就要作为爸爸新家庭的成员共度第一个周末了。尽管我们以前都没滑过雪，爸爸和波利还是准备带我们去塔霍湖滑雪。那也是我第一次看到雪。我很讨厌这个计划。当时，我最保暖的衣服只有一件厚帽衫，胸前印着我爸爸母校密歇根大学的校徽。但波利高高兴兴地给我们穿上了滑雪衫和鼓鼓囊囊的皮棉大衣，把我们安置在了车里。我们3个孩子坐在后排，我挤在中间，闭上双眼，盼着睁眼的时候可以看到妈妈坐在副驾驶室里，盼着她一展歌喉，我们也一起开心地唱歌，兄弟们和爸爸唱低音，我则努力跟上妈妈的高音。但当我睁开双眼的时候，看到的是爸爸把手臂搭在波利的肩膀上，而不是妈妈的肩膀上。波利坐在副驾驶室里，而妈妈在爸爸开车时都没有坐过那个位置！波利从后视镜里看见我睁开了眼睛，便笑着半转过身告诉我们，她很高兴能和我们在一起，还描述了一下雪是什么样子的。我又闭上了眼睛。

“你们会爱上滑雪的！”她大声宣布。

但我却觉得，一项需要优雅、协调性和敏锐反应的运动（还得在冰天雪地里进行），肯定不会是我擅长的。

一路上，我没什么心思朝外看，而是有些反常地闷闷不乐，非常沉默。但是一到目的地，下车后第一次踏进雪地，我就被白雪皑皑的山峰和碧蓝如洗的天空征服了。晶莹的白雪让太阳显得比以往任何时候都明亮！丹尼尔也是第一次看到雪，但淘气的孩子天性促使他马上团了个雪球，朝我们扔了过来。我们的第一次雪仗就这样开始了。根据我们的一贯作风，不管遭到多猛烈的攻击，都没有人会投降。我们很快就开始在雪地上打滚，互相朝脸上扔雪球，往衣服里灌雪了。

闹完以后，我连笑带喘地朝上望去，发现爸爸和波利还在卸车。他们停下手中的事，冲我们仨微笑。我突然感到一阵愧疚，觉得不应该在妈妈不在的时候玩得这么开心。于是，我重新闭上了双眼，只感觉扑面而来的温暖阳光，不去看眼前发生的一切，心里琢磨着我的生活发生了多大的变化，这种变化发生得有多快。

第二天一早，我就拿出了厚厚的滑雪服，开始往身上套一件又一件的衣服。波利借了我几件她的衣服，但由于她即使浑身衣服湿透也不过100磅（约90斤），而我的体重早就超过这个数了，所以我穿起这些衣服来有些地方太松，有些地方太紧。我迈着笨拙的步伐走到客厅找大家吃早饭的时候，觉得自己就像个大雪人，真想一吃完饭就逃回床上去。

波利一直很热衷滑雪，也很期待和我们一起滑。吃早餐的时候，她的兴奋之情就表露无遗了。当我们来到室外，身处万里无云的蓝天下时，我想，事情或许也没有那么糟。波利耐心地帮我们穿上靴子和滑雪板，仔细地给我们做检查，确保鞋子跟脚，衣服合身，皮带绑牢，纽扣扣好。等我们准备完毕的时候，感觉像是已经过去好几个小时了。当然，就像往常一样，我这个时候又突然想上厕所了。穿着皮棉大衣和滑雪板走去厕所可是个技术活儿！

终于，我们坐上缆车了。我还在为怎么把滑雪板踩进缆车的脚架而抓狂的时候，丹尼尔已经跳到波利身边了。波利对待滑雪很认真，是一位出色的运动员。她和丹尼尔平时就喜欢相互较量，两人常常难分胜负。毫无疑问，从丹尼尔第一次穿上滑雪板的那刻起，他的滑雪天赋就显露出来了。显然，波利很期待他赶紧学会滑雪，好和他一起进行更刺激的挑战。她向我们演示基础动作的时候，丹尼尔做起来已经像老手一样了。

就像做其他事情一样，彼得学滑雪也是一板一眼的。他不慌不忙，稳稳地向山下滑去，双脚的滑雪板总能保持平行。在更陡峭的雪坡上，他也非常小心，从来没有滑倒过。他很快就掌握了滑雪的要领，当波利和丹尼尔比赛谁先滑到山脚时，他已经能加入他们的较量了。

与此同时，我和爸爸的手脚协调能力显然没有他们好。我们俩一直战战兢兢，如履薄冰。所以，当波利教丹尼尔和彼得的时候，我和爸爸报名参加了初级滑雪课。我们步履蹒跚地爬上初级滑雪道，厚重的衣服、长长的滑雪板和到处乱晃的滑雪杖让我们显得格外笨拙。我觉得自己尤其滑稽，因为我穿着波利的旧式蓝色连体滑雪衫，背后还印着一道彩虹，和旁边时髦女士穿的乐斯菲斯夹克和波顿滑雪裤一比简直是土得掉渣。我们的滑雪教练名叫戴尔或者查德之类的，一听就是特别擅长滑雪的人。他摘下墨镜的时候，我发现他眼眶周围和脸部的肤色差别很大，活像长着小浣熊的白色大眼圈。我过去绝对不会相信人能晒成这个样子!

戴尔或查德让我们这群“家伙”在拖牵索道处排成一队，等牵引绳经过身边时抓住它，让它把我们带到山顶。我觉得一排排经过的牵引绳特别像塑料玩具鸡，所以忍不住埋头大笑起来，结果错过了我本该抓住的牵引绳，还差点儿没能抓住下一根。尴尬的事情发生了：我用尽全力拉住了牵引绳，却无法避免双脚的滑雪板越分越开。我还没反应过来，就已经大头朝下、屁股朝天地栽在雪地里了。戴尔或查德赶紧喊管理员把索道停下来，好过来帮我脱险。他徒劳地踩着滑雪板往山上跑的时候，淡金色的长发一直在迎风飘动。他大声喊了些什么，但我完全听不见。已经到了山顶的爸爸也笨手笨脚地想滑过来帮我。但不幸的是，他失去了平衡，也摔了个四脚朝天。于是，整个滑雪场的人都在等着看笑话，看我们这对奇葩父女要怎么用形同虚设的双腿爬起来。

上午发生的事差不多就是这些了。等我们终于回到大厅里，准备一起吃午饭的时候，我觉得自己就跟刚打完仗一样，而且是一场大败仗。大厅里很暖和，弥漫着法式炸薯条的香味。所以，我决定在这一天余下的时间里和滑雪说拜拜，老老实实地待在室内。爸爸也很赞成。于是，午饭过后，波利、丹尼尔和彼得兴冲冲地返回雪场，我和爸爸则一下午都在别人的注目礼之下喝热巧克力。

波利和两兄弟肯定是玩得很开心，他们一直玩到雪场快关门了才回来。

等他们回到大厅接我们的时候，缆车已经停运了。下山的唯一方法就是从一条名叫“乡村跑道”的蓝格子雪道滑下去。当时太阳已经下山，狂风呼啸。我们一出门，我就不安地朝天上望去，因为我在傍晚看不清东西，又不会滑雪。波利认为，我在夜幕降临前回到山下的唯一方法，就是和她拴在一起，待在她双腿之间靠前一点的地方，让她带着我滑下去。

我确信，任何一个孩子都不会在爸爸妈妈离异不久后轻易爱上后妈。当这位既苗条又能干的女士从背后抱住我，带着我以初学者的姿势慢慢向山下滑去，就连6岁小孩都能轻易滑到我们前头的时候，我简直不能更尴尬了。但随着气温越来越低，天色越来越暗，我眼前越来越模糊，波利也越来越像是我的依靠了。她是个非常真诚的女人，现在已经成了我生命中不可缺少的一部分。我发现，和她在一起的时候，我觉得很安心。

11

我14岁那年6月的一个温暖夏夜，我、两兄弟、爸爸和波利坐在一起吃饭。波利像往常一样给我们做了意大利面。当时，意大利面在美国非常流行，低碳水化合物饮食尚未风靡，每个人都认为高碳水化合物的低脂饮食，也就是长跑运动员的食谱，更有利于健康。唉！要是这是真的就好了！波利得给3个随时喊饿的青少年准备吃的，所以她一头扎进了记载各式意大利面做法的菜谱。每天晚上我们都会在餐桌上开玩笑，猜这顿饭是第128页上的意大利面，还是第215页上的意大利面。我们吃饭的时候，爸爸坐在餐桌的一端，穿着工作服，敞着领子，挽着袖子。我们家的3只金毛猎犬，丘比、伦纳和斯塔，都乖乖地待在外面，守在院子门口，用褐色的大眼睛充满期待地望着我们，希望我们（主要是我）丢点儿吃的让它们美餐一顿，然后好跑过来躺在我们脚边。我下定决心，等我自己能养狗的时候，绝不会定这样的规矩，因为我根本没法抗拒它们期待的眼神。

爸爸忽然开口了：“我和波利有些特别的消息要告诉你们……”我的注意力马上从狗身上转移到餐桌上了。由于过去几年里遇见了太多不期而至的事，我对“特别的消息”或“特殊的惊喜”一点儿也不感兴趣。但这次我觉得不一样，因为他们的脸上都带着笑。爸爸告诉我们：“波利怀孕了，我们要有小宝宝了！”

虽然接受后妈进入我的生活并不容易，但有机会照顾小弟弟或小妹妹却让我欣喜若狂。“我们要去查查宝宝是男是女吗？什么时候可以知道是男是女？宝宝要起什么名字？我们能帮宝宝起名吗？”我像连珠炮似的提了一串问题。一想到自己可能会有个妹妹，我就无比兴奋。当下我就觉得，这正是我一直期待的。但后来躺在床上时，我却冒出了其他的念头。我不确定这到底意味着什么。爸爸和波利要组建他们自己的家庭了吗？我们还会是这个家庭的成员吗？我们的生活会发生什么变化？爸爸以前对我总是关怀备至。他会用单位的复印机帮我放大报纸和课本，便于视力不佳的我阅读，还会不断给我帮助和鼓励，只要我有了麻烦，他马上就会过来帮忙。以后，我还会是他的小心肝宝贝吗？但对妹妹的期待还是战胜了诸多疑虑。我在心里默默祈祷，是女孩，是女孩……

波利怀孕三四个月的时候，某一天，我正在上八年级的代数课，一心盼望时钟走得快一些。我最讨厌上数学和科学课了，觉得这两门课的时间比英语课长两倍。英语课的时间总是过得很快，因为我很喜欢阅读和写作。忽然，教室外面有人敲门，我们中学的教务弗兰辛走了进来，凑近任课老师的耳朵低声说了几句。

“瑞贝卡，你爸爸来电话了，想跟你说点儿事。麻烦你去一下办公室。”起初，我对接到电话并不惊讶，因为我没想到自己的祈祷会成真。但走到办公室门口，我却开始放慢脚步，担心他打来电话不是什么好事。走进办公室以后，弗兰辛把话筒递给了我，我迟疑地说了声“喂”，话筒那边立刻传来了爸爸激动的声音：“瑞贝卡·安（每当我惹上麻烦，或者他有坏消息要告诉我时，他就会这么叫我），你要有个妹妹了！”我简直不敢相信自己的耳朵。终于，在14岁的时候，我要有个小妹妹了！回到教室里，我一直乐得合不拢嘴，剩下的半堂课完全没听进去。她长得会像我吗？她会跟我和两兄弟一样幽默吗？她肯定会很爱他们，但我相信她会最仰慕我。我会把所有大姐姐应该教给小妹妹的事都告诉她，她肯定会觉得我特别棒。

我在波利怀孕期间一直很兴奋，花了很多时间陪她。我们开始变得亲密了。晚上做完作业后，我就会跑到他们床上，躺在她身边，给小宝宝起名字，抚摸她的肚皮，或者把头枕在她的肚皮上，感觉小妹妹的动静。我们想了很多名字，然后挑来挑去，互相开玩笑。有些名字我们都很喜欢，比如“佐伊”“惠特妮”“麦蒂逊”“卡洛琳”和“艾米丽”。谢拉是丹尼尔想出来的，全家人都很喜欢，因为我们都喜欢谢拉山。但爸爸担心别人可能会把“谢拉”念成“萨拉”，所以这个名字没过多久就被排除了。“劳伦”是我起的名字，它也一直是我最喜欢的女孩名字。不过，直到妹妹出生的那一天，我们也没想好到底该叫她什么。

经过漫长而艰难的分娩，劳伦·谢拉·亚历山大在1993年2月22日来到了人间。后来，我们得知，波利隔壁产房的女人刚生下的孩子就姓谢拉。我们觉得这是缘分，而且考虑到波利生孩子时的艰辛，爸爸最终同意给宝宝起名“谢拉”。

第一次抱起妹妹的时候，我感到无比自豪，就像她的出生也有我的功劳似的。我给她起的名字被采纳了，她是我的小妹妹，我也终于能做自己最想做的事了，那就是照顾别人。

12

2013年2月，我接到了初中母校海德–罗伊斯中学打来的电话。他们希望我作为知名校友出席125周年校庆。我有些受宠若惊，但同时又觉得有点儿讽刺。因为在我八年级的时候，海德–罗伊斯高中部的教导主任邀我爸爸妈妈面谈，对他们解释说，学校真的不能再“满足你们女儿的特殊需要”了。因此，我离开了这所学校，丹尼尔和彼得则一直在那里上学，直到高中毕业。

现在，虽然我只是从他们的初中毕业，没有上他们的高中，海德–罗伊斯中学却因为我是常春藤毕业生，在脱口秀节目《今日秀》上有过出色表现，就把我视为模范校友、知名校友。我接受了他们的邀请，但坦白说，我很希望他们能承认当年不愿照顾我的特殊需要，没有让我升入本校高中。更重要的是，我希望在我返校演讲以后，他们能给下一个需要额外关照的孩子足够的帮助，让他有机会在未来某一天站在我所在的地方，发自肺腑地告诉大家，自己能获得今天的成就，离不开母校的栽培。

◆ ◆ ◆ ◆

老实说，在那个时候，能转到一所更大、更多样化的学校，反而让我如释重负。我第一次能提前完成作业，掌控自己的学习计划，还通过努力取得了好成绩。海德-罗伊斯是一所非常重视成绩的小型私立学校，我在那里从来没有得过好成绩。转学和发现自己有残疾这两件事结合在一起，让我莫名其妙地开始想把事情办好，也觉得自己需要把事情办好。这让我有生以来第一次想要上进。看到试卷上的题目自己都会做，这种感觉实在是棒极了！我也很喜欢发回的卷子上醒目的红色A字。

我当时感觉很棒，因为我早就知道有很多测试我都做不好。尽管这不是我的错，我还是会非常沮丧。当时我已经知道，诊室里的任何测试我都做不好，就连在室外的足球场上，我也当不了明星了。

直到今天，每当听到“各就各位……预备……跑”的时候，我还是会血脉偾张。哪怕只是听到这几个字，我也会兴奋起来。我还记得上小学的时候和同学在操场上赛跑，疾风扑面而来，其他孩子为我们欢呼加油。我用力摆动双臂，身子努力前倾，就像电视上奥利弗球运动员触地得分前的姿势一样。我拼命向前跑，想要第一个触墙，成为赢家。我想成为班上跑得最快的女孩，就像丹尼尔是跑得最快的男孩一样。最重要的是，即使我那时只有七八岁，我也能从奔跑中感受到生命的真实、自由和力量。我意识到了自己的力量和能力，也乐于运用它们。我知道自己做过很多错事，比如撒谎，但我为自己的力量和协调性而自豪。我知道，只要努力，我就能赢。

我的新高中体育是强项，尤其是女足。我入校以后，最大的愿望就是加入校队。我喜欢参加比赛，因为每次踢球挑队友时，大家都会第一个挑我。到了赛场上，对手也会格外关注我，因为她们知道我需要重点盯防。我喜欢开赛前的紧张感和不确定感，而且我总能取得胜利。在球场上奔跑的时候，我知道对手争不过自己，因为我能把球牢牢控在脚下。门将一看见我就会做好准备，准备尽全力扑救，但我还是知道自己会进球。不光因为我是最棒的，还因为我最渴望进球。

我过去一直在踢球，也知道自己虽然有残疾，但踢得还不错。但从一所小型私立学校转到一所大型公立高中后，我才明白了什么叫井底之蛙。高中校队选拔赛刚开始的时候，我还充满了信心。但选拔赛开始一阵子以后，我才明白了什么是真正的优秀。我突然意识到，很多事其他球员能做到，我却做不到，比如花式颠球，带球时审时度势，还有在天黑不容易看到球的时候拼抢。

不用说也知道，我没能进入校队。我知道自己在速度和技术上比不了校队成员，但我仍然抱着一线希望，希望教练考虑到我虽然视力不佳，但表现还不错，觉得我与众不同。所以，在彻底放弃之前，我高一、高二的时候一直待在预备队。身为高中生，却只是预备队员，让我觉得很丢人。是因为我在过去几年里没有积累足够的经验，所以进不了校队吗？为什么我没有更努力一些，做得更好一些，审时度势再快一些？我已经竭尽全力，但还远远不够。

虽然我现在学习成绩已经很好了，但我还想做更多的事，做得比眼下更好。我要想办法弥补自己已经失去的东西，还有明知日后会失去的东西。我第一次跳出自己的狭小世界思考问题。或许，我对“万事无常”的理解要比同辈人深刻一些。我的世界变化得那么快——我的眼疾、爸爸妈妈的离异、波利的出现、转学到离兄弟俩很远的地方，都让我在小小年纪就体会到，世间有太多我无法掌控的东西，这些东西是每个人都无法掌控的。我无法改变自己不幸的命运，但我开始理解爸爸说过的一句话：帮助自己的最佳方式就是帮助别人。

自打我记事开始，爸爸就不断向我们灌输回馈社区、回馈世界的重要性。希伯来语里的tzedakah通常译作“正直”或“正义”，是“慈善”的同义词。但它的真正含义是指天平的平衡状态。慈善不是出于同情、怜悯或善良，而是出于公平。你的回馈是为了让世界变得更美好、更公平。如果你生活富足，就应该拿出财富和穷人分享。这个说法一直深得我心。虽然我始终觉得，帮助别人要比接受别人的帮助更轻松。

我爸爸一直身体力行。他不但是我们社区里的积极领导者，还不惜为自己相信的东西付出一切。1984年，有个名叫凯文·库珀的男子因虐杀白人家庭一家四口被判处死刑。他曾因非暴力犯罪在一所低防备监狱里待过一段时间，刚从那里逃出来不久。尽管证据不足，而且很多人相信庭审只是走过场，他还是被逮捕并判刑，又在牢里度过了20年。在这20年里，库珀始终坚持自己是无辜的，还成了画家、作家和演说家，拥有了一大批崇拜者。很多团体和名人都相信他是无辜的。随着他的行刑日逐渐迫近，这些人聚到了一起。我爸爸当年是一家大企业的企业律师，他无偿接手了这个案子，带领一个律师团队为凯文争取到了缓刑许可，并一路上诉到了最高法院。当他在的律师事务所跟这起案子出现利益冲突的时候，他选择了辞职，继续追求公正。

我想和爸爸一样帮助别人。20世纪90年代初，我15岁的时候，年轻的艾滋病毒携带者斯科特·弗雷德到我们的犹太教堂做了一次演讲，我被深深打动了。后来，我开始为"张开双手"（Open Hands）做志愿者。这是一家非营利性机构，致力于为旧金山湾区的艾滋病毒携带者和艾滋病患者递送食物。我知道自己正实实在在地影响着别人的生活。而且，我从很小的时候就发现，帮助别人能给我带来极大的快乐和满足。我不知道是身体的残疾让我更容易产生这种感觉，还是我在某种程度上意识到了自己将来会越来越需要别人帮助，但帮助别人对我来说确实很重要。

我刚开始递送食物的时候，并不知道自己会遇见什么情况。我以为，我可以走进他们家，和他们聊天，尽可能为他们提供帮助。然而，大部分人更愿意隔着一道门和我说话，让我把食物放在门口的台阶上，或者只把门打开一道小缝，把食物拿进去。他们通常不会露脸，或是不想被人看见。还有很多人是因为病得太重，不愿意让人进门。当时是20世纪90年代初，人们仍然把艾滋病视为一种耻辱，即使是在旧金山湾区也是这样。一想到他们要孤身一人与痛苦和疾病做斗争，就像被整个世界抛弃了，我就心痛不已。

我17岁的时候，爸爸以“社区英雄”的名义为我提交了奥运火炬手的申请。他通过《体育画报》向奥委会提交了申请表，描述了我在“张开双手”的工作内容和我身体上的残疾。我对此一无所知。所以，当奥委会的电话打来时，我还以为是个恶作剧。起初，我觉得很尴尬。我希望自己只被视为帮助别人的人，而不是“身残志坚”的典型。不过，我很快就想通了。毕竟，不是每个人都能成为奥运火炬手的嘛！我们当地的报纸刊登了这个消息。我手持火炬跑了将近1英里[①]（火炬比看上去要沉多了），我身边有护跑手，身后有车队，还有朋友们和陌生人夹道为我加油呐喊。

① 1英里约为1.6公里。

13

我可以像普通青少年一样做某些事，不会觉得不安，也不会显得与众不同。其中，我最喜欢的就是开车。我16岁的时候视力还不错，足以通过驾照考试。眼科医生也向我保证，我现在开车完全没问题，只要别在晚上开就行。

我一直很喜欢开车，而且开得不错。我反复对愿意听我讲的人表达对开车的喜爱。尽管我已经开了好几年车了，我还是想向别人炫耀，因为这是我迟早没法做的事情里最难的一件。作为十几岁的青少年，没有什么能比拿到驾照更让我兴奋的了，因为这是我走向独立的终极标志！我去车管局考试（当然，我以高分通过了）的那天早上，是爸爸陪我一起去的。考试后，我把他送到旧金山湾区地铁站，然后第一次独自开车前往学校。我向他保证不开广播，专心开车，关注路况，而且信守了诺言。我为自己终于坐上了驾驶席而欣喜若狂。

放学后，我有时候会故意绕远，朝大家放学后常去的地方开，尽可能让更多熟人看见我在开车。早上抵达学校后，我会一边转着手里的钥匙，一边朝教学楼走去，努力显得又酷又淡定，盼着叮当作响的钥匙能吸引别人的注意。如果有人瞧过来，我就会说："哦，这个呀？我的车钥匙罢了。我都快忘了它们在我手里了！"我不知道为什么我会觉得这能引人赞叹，但我深信这么做会让我显得非常酷，非常有魅力。

我走进教室，冲到座位上，把车钥匙重重甩在桌子上，等着老师大喊我的名字，然后再慢慢地把它们放进包里。为了制造最好的戏剧效果，我还费了番心思寻找把钥匙放在哪里最能引起同学们关注。我确定自己看起来蠢得要命，但这是我朝真正独立迈出的第一步，我很享受这个过程。

要不是实在开不了夜路，我才不会放弃开车呢。现在我已经搬到了纽约，一个遍地行人的城市。我认识的土生土长的纽约人里有一半不会开车。我选择纽约，一部分原因是我在这里不会太显眼，或是显得太需要别人帮忙。尽管纽约会发生很多疯狂的事，但对行人来说却是个美妙的城市。不过，失去了开车的自由和乐趣，失去了证明自己独立的铁证，给了我毁灭性的打击。我现在可以承认，我过去车开得实在太疯狂了。

我最后的几次开车经历中，有一次给我留下了异常深刻的记忆。那时我27岁，独自开着一辆顶篷可收放的敞篷车从汉普顿返回纽约，一路上都跟着广播电台引吭高歌。我觉得无拘无束，充分享受着淡淡的海洋气息和头发被风吹散的感觉。我真想就这么一直开下去，让其他的事统统见鬼去。我要留住这个时刻，不让这种感觉消失！我去加州探望家人的时候，多想在通往圣克鲁兹的17号公路那蜿蜒的林荫道上一直开下去啊！当我在太平洋海岸公路上熟练而自信地开着车、望着下面波涛翻涌的大海时，多希望这一刻能成为永恒啊！

我向自己保证，我不会对已经失去的东西念念不忘。因为那是在浪费时间，而我清楚时间有多么宝贵。所以我试着不去悼念，而去回忆那个头发被吹散的姑娘，那个感到独立、自由、生机勃勃的姑娘。我知道，她仍然在我心底。我知道，这段记忆会一直陪伴着我，作为我的一部分永远留存。在我看来，那些我已经失去或无法再做的事，就像是发生在昨天。那些记忆是如此触手可及，生动得令人难以置信。人人都会失去某些东西，我只是失去得更多罢了。人人都可能有此一劫。我只有一个选择，那就是放眼未来，继续生活，而不是沉溺于过去。海伦·凯勒说过：“我们爱过的东西，便永远不会失去。我们深爱的一切，都成了我们的一部分。”每天，我都会想起这些话，用它们来提醒自己。

不过，你们都知道的，我是个很棒的驾驶员！

14

我能过上普普通通的高中生活，还要归功于我的男朋友科迪。我16岁时第一次遇见他，是在一个我们都认识的朋友办的派对上。当时，他和我的朋友丹坐在角落里，一直在拿别人开玩笑。我觉得他不是什么好东西。而且，我去和丹打招呼的时候，科迪也显得特别惹人厌。所以，我在接下来的那个晚上一直没有搭理他，哪怕是他主动过来找我说话。后来，我们进入了同一个小圈子，经常在各种场合碰见。虽然我觉得他是个混蛋，却渐渐对他产生了兴趣。有天晚上，他给我打了个恶作剧电话。我又生气又无语，但同时觉得挺有趣的。这就像是男孩为了吸引女孩的注意，会在操场上追逐欺负她们。我忽然意识到，他并不是我第一次见面时认定的那个样子。

科迪既风趣又温柔，幽默感和我不相上下，是我见过的最搞笑的人。科迪个子很高，身材适中，拥有动人的褐绿色双眸和迷人的笑容。我在他面前从没有掩饰过自己的残疾，这在他看来也不重要。我第一次配助听器的时候总是不肯戴，只有在历史课上才会不情愿地拿出来，因为我们的老师声音很小，而且口齿不清，大家都很难听懂。我会把助听器悄悄塞进耳朵里，用头发遮住，一下课就拿出来。但我在科迪面前从来不会觉得尴尬。后来，当我的听力越来越差时，他一直鼓励我戴上助听器。我没有意识到，我不戴助听器的时候会显得很没礼貌，因为我听不见别人喊我，别人还以为我是爱答不理呢。科迪毫无责备之意地告诉了我这一点，还拿这件事和我开玩笑。

他是我的初恋，但我们过了很久才发生关系。我们足足等了7个月，这对青少年来说就像是一辈子。那之后，我们对彼此的身体都有了很好的了解。我们都觉得那么舒服，那么自在。从他那里，我知道了自己身上哪个部位喜欢温柔地抚摸，哪个部分喜欢大力地触碰。气息轻拂身体的感觉，提醒我裸露是多么自由。科迪温暖的呼吸拂过我的耳朵、脖颈和锁骨，他的大手放在我光滑的臀部，让我感到全身酥软。这一切能发生，是因为我们之间没有强迫。我很信任他，希望他抚摸我。他的双手环绕我的时候，我感到无比安心。他紧贴着我的肌肤，让我觉得备受呵护。

通过身体的接触，我对自己有了更深的了解。和他在一起，让我对自己的身体有了信心，也学会了用身体去信任别人。我允许自己显得软弱，允许自己去探索和被探索。这是我第一次发自内心的亲密体验。这段恋情让我从情感上理解了信任和触摸之间的重要联系。

◆ ◆ ◆ ◆

我还记得有一天晚上，我和科迪躺在他的房间里，唯一的光线来自窗外的街灯。我可以看见他的轮廓。他就躺在我的身边，用指尖划过我的脸庞。后来，他站起身，我看见了他在地板上的影子，月光投下的影子。我还记得，我很吃惊自己竟然能看见，而且为能看见它感到无比幸运。孩子总是为自己的影子着迷，总爱盯着影子变长变短，让自己看起来和爸爸妈妈一样高。我早就知道，影子是种很快就会消失的东西。

15

我落地的时候，觉得整个人就像爆炸了一样。我记不得当时的疼痛，只记得自己想拼命大叫，发出的却是受伤动物一般的虚弱抽泣声。

惹科迪发火的那个晚上，我喝得酩酊大醉。那是高中毕业的暑假里我们最后的狂欢，每个人都在饮酒作乐，整个夜晚都充满希冀和怀旧。我们都将在秋天升入大学。我和丹尼尔一起考上了密歇根大学。在不同的学校待了4年以后，我迫不及待要和兄弟重聚了。我和科迪都知道，我们在一起的时间已经所剩无几。因此，我毁了那个晚上就让他更生气了。跳舞是我最爱做的事之一，我们那天准备去一家嘻哈俱乐部。科迪的舞跳得很棒，没有什么事能比和他一起跳舞更有意思的了。

◆ ◆ ◆ ◆

我很喜欢出去玩。我常常会不合时宜地大笑，动不动就赌咒发誓，而且很喜欢唱歌跳舞。我和兄弟们都有表演天赋。我们都会弹钢琴，经常参演学校的音乐剧。在我年纪更小一些，还能听清歌词的时候，我喜欢给自己爱听的歌编舞。我和朋友们会花上好几个小时设计复杂的舞蹈动作。长到十几岁的时候，我开始听各种类型的音乐，比如嘻哈、说唱、古典音乐和另类摇滚。我最喜欢的就是动人的节奏。

我爱外出野营，也爱参加学校的舞会。我和朋友们会认真听下一首放的是什么曲子，如果是我们喜欢的歌，我们就会激动不已地欢呼尖叫，一边跟着旋律高歌，一边把双手举到空中，疯狂地甩头发。不过，我也爱听慢歌。音乐声刚刚响起，我的心就如小鹿乱撞，想着会不会有人来邀我共舞。

我相信舞蹈是人类发明的最棒的东西，它能让你感受和表达很多种不同的情绪。当你看到人们无拘无束地起舞时，不管他们的舞姿有多笨拙，有一件事是肯定的：他们都实实在在地活在当下。没有什么能比伴着节奏翩翩起舞更让我开心的了。我或许再也无法听清歌词，有时甚至连曲调都听不见，但我不需要眼睛和耳朵也能感受低音的冲击，不需要很好的视力和听力也能跳舞。只要听到或感觉到音乐响起，我的肩膀就会收到信号。在自己还没意识到的时候，我已经做好跳舞的准备了。

◆ ◆ ◆ ◆

不过，那天晚上，我们去俱乐部之前先去附近的公园转了转，喝了瓶伏特加。那瓶酒主要是我和丹尼尔的女友莱斯利喝掉的。我的酒量不好，平常也不怎么喝酒，所以我们到俱乐部准备跳舞的时候，酒劲儿开始上来了。我跑进卫生间，吐得稀里哗啦的。才过了几分钟，我的手脚就不听使唤了。我不但不能跳舞，连思考都成问题了。保安看见我这个样子，就要求朋友们把我带走。科迪和丹尼尔只好把我拖了出去。我虽然已经醉了，还是看出科迪很生气。回家的路上，他一直不肯跟我说话，下车的时候也没有和我道别。这是我记得的最后一件事。后来，莱斯利告诉我，她扶我上了楼，把我撂在了床上。几个小时后，我醒了过来，那时大约是凌晨4点半。我还是醉醺醺的，特想上厕所，也特想喝水。于是，我跌跌撞撞地从床上爬了起来。

我不知道接下来发生的事是因为我宿醉未醒，还是因为我视力不佳，当然更有可能是两者同时发挥作用。晚上我就像睁眼瞎一样，下床以后什么也看不见。我摸着墙朝前走，想找到门，但我晕头转向的，完全弄不清门在哪儿。我开始有点儿慌了，急急忙忙地往前冲。被酒精麻醉的大脑害得我连最熟悉的路都走不对了，只能在法式飘窗旁边到处乱转。不知窗户是我自己打开的，还是它本来就敞开的，反正我是越来越晕头转向了，只想走出房间。不知怎么的，我的后背突然抵住了敞开的大窗户（老实说，我好像还试着坐在窗台上，或许我以为那是马桶吧），结果一下子从27英尺高的地方掉了下去，摔在了屋子后面铺着石板的院子里。我奇迹般地用身体左侧着地，除了脑袋和脖子之外，几乎每个地方都摔断了。只差几英寸，我的故事就要在这里结束了。

我不知道自己在那里躺了多久，可能只有一两分钟吧。尽管我连轻微的抽泣声都很难发出，但我的运气还不错。住在我家后面的邻居，一名刚刚换班回家的警察，听见了我的声音。他从马路对面跑过来，趴在我家后院的围墙上往里看了看，然后赶紧朝我冲了过来。我不知道妈妈是怎么听见我的声音的，但出于妈妈才有的警觉，她马上就醒了过来，跑到了我的房间。她发现我没在屋里，立刻发疯一般找遍了全家，寻找我声音的来源。当她失望地跑回我的房间时，才注意到轻轻飘动的窗帘和敞开的窗户。她朝下望去，一眼就看见了趴在石板上的我。她跑到我身边时，邻居已经帮我托住了头、颈部，救护车也在路上了。

医务人员和警察抵达后，都觉得我是自己跳下来的，要不就是被妈妈推下来的。我想解释，但说不出话来，身体也动弹不得。不过我知道他们在想什么：一个大活人怎么会从窗户摔下来？

当时，我脖子下面的地方仍然毫无知觉。但没过多久，我就感到了难以想象的剧痛，身上每一寸地方都火烧火燎的。我被送往了奥克兰高地医院创伤中心，那里通常处理的是飞车射击造成的枪伤。我躺在轮床上，向每个愿意听我说话的人拼命道歉，说我真的很抱歉给他们带来了这么多麻烦，其实我没什么事。他们盯着我，就像我发疯了一样，因为我哪里是“没事”啊！

我的四肢都有不同程度的损伤：左脚粉碎性骨折，左手和手腕也是；右手断了，还有根脊椎骨断裂、错位了。只有我的右腿和右脚逃过了一劫。

一位护士走过来做了自我介绍，向我解释说，她不得不把我的戒指剪断，因为我的身体肿得太厉害了。那枚戒指是科迪送我的！我心里特别难过，眼泪夺眶而出。我还不知道自己的身体到底摔成了什么样子，我唯一关心的就是那枚戒指。我的心都要碎了。科迪还在生我的气吗？我以花季少女特有的蠢样猜测着。

他们用最快的速度把我转移到了伯克利的阿尔塔贝茨医院，我将在这里度过接下来的1个月。我也是在那家医院出生的。

我要做的第一个手术就是重塑左脚和左手。但至少得一周以后，等我身体消肿了才能做手术。那几天我是在镇痛剂的陪伴下度过的。我疼得很厉害，以至于疼痛只要加剧一点儿，我就会立刻要求更多的吗啡。又过了好几周，我才摆脱了止痛药。护士给了我一个遥控器，这样我就能在需要的时候自己加吗啡了。它看上去就像益智问答节目《危险边缘》（*Jeopardy*）里选手抢答时按的按钮。我觉得，他们给我这个东西，只是想起到心理暗示的作用，免得病人老吵着让他们加药，因为我发觉不管我怎么按，似乎都起不到止痛的效果，最后还是得把他们叫来。我猜我一定摔得很惨，因为当我需要他们的时候，尽管非常频繁，他们都会及时赶来。而且妈妈告诉过我很多次，吗啡让我变得像疯子一样，完全失去了理智，毫无优雅可言。

没有几位护士的帮忙，我在病床上就动弹不得。由于我一点儿都动不了，她们每过几个小时就会来帮我调整一下姿势，免得我长褥疮。这件事很难办到，因为她们既不能把我抬起来，也不能移动我的四肢（因为我会疼痛难忍），只好通过垫枕头来帮我调整姿势。但即便是最微小的动作，也会让我疼得尖叫。而且，我需要一直插着尿管，它总会给我带来强烈的尿意。我很局促不安，觉得在疼痛和药物的双重作用下，自己肯定显得特别不懂感恩，毫无理智，活像疯子。我一直为自己知错能改而自豪，但现在我简直认不出自己了。那几秒钟里发生的事，彻底改变了我的生活。我从一个照顾小妹妹的大姐姐，为上大学和开始独立生活激动不已的女孩，变成了一个虽然侥幸活了下来，但只能躺在床上，什么也做不了的病人。我必须完全依赖别人，而且不管用了多少药，疼痛都不会减少。

那一周，医生只交给我了一项任务。奇怪的是，那也是唯一让我觉得生有可恋的事。为了避免过多的吗啡阻碍呼吸，我必须朝一个小盒子里用力吹气，把里面的小球吹起来，让它越过盒子上的蓝线。这是我面对的第一个挑战。虽然吗啡在不断注入我体内，我还是拼命集中精力做这件事。我决心一口气把小球吹到顶。因此，在那间堆满了花束和祝我早日康复的气球的病房里，我只要还有力气，就一直朝小球吹气。一开始，小球几乎纹丝不动。但我从第一周起就意识到，做到这件事的唯一方法，就是把它当成一项挑战，全力以赴去做。我要靠这副多处骨折、被药麻醉的身体，竭尽全力去应对挑战。我要把球吹起来，让所有人都为我骄傲。我要在吹小球测试中得到高分，让别人刮目相看。我要作为“把小球吹上天的女孩”被写进书里。我在学校里、球场上、演戏时都非常用功，但这比我做过的任何一件事都重要。我的身体摔坏了，哪里都动不了，我能动的只有这颗小球。

别人听说我遭受意外时感受到的恐惧，或许比听说其他人有此遭遇时更强烈。“我的天啊！你本来就很不容易了，这多可怕呀！”但我从中学到了一些东西，让我成为今天的样子。我每天都得坚持不懈地努力，这正是我在病床上通过那颗小球学到的。接下来，漫长而艰苦的恢复阶段将要开始，而我已经学会了勇敢面对。一天也好，一小时也好，一分钟也好，我都决不退缩。除此之外，别无他法。我一生中完成的每一件有意义的事，都是历尽千辛万苦才做到的。这样的事第一次发生，就是在我的病床上。

16

我的第一次手术持续了12个小时。两位医生从我的臀部取了些骨头，各用一部分重塑我的左手和左脚。第一位医生给我的左手做完手术后，第二位医生就接下去给左脚做手术。他们给我的左手打了两个螺钉，把骨头固定到一起。我左脚是粉碎性骨折，只能完全重塑。

手术前，医生告诉我爸爸妈妈，我左脚的骨头必须重新长到一起，所以我以后走路会跛得很厉害，很可能永远都不能跑步了。他们做了个明智的决定，没有在手术前告诉我这个消息。手术后，我打着石膏躺在床上，日子一天天过去，似乎没有尽头。能让我开心的都是些小事，但我开始渐渐喜欢上那些琐碎小事了。我通常凌晨就醒了，然后就在黑暗中静静躺着，轻嗅堆满病房的鲜花（护士戏称我的病房是“花店”）。这些花都是我奶奶法耶从自家花园和朋友们的花园里采的，然后从圣克鲁斯大老远开车给我送过来。浓郁的花香掩盖了医院里大部分难闻的药味。我的鼻子很敏感，只要一闻到药味就恶心想吐。我在病床上一躺就是好几个小时，浑身动弹不得，只能看着花儿绽放。

每天早上，我都很期待看见它们一晚上开了多少。我身体的大部分都动不了，只有看着花儿绽放能让我快乐一点儿，让我的心情平静下来。我在医院休养期间第一次感受到了香水百合的美，它们后来也成了我最爱的花儿。不仅是因为它们有鲜艳的色彩和迷人的香气，还因为它们能开很长一段时间，而且随着花朵渐渐绽放，它们的形状、颜色和气味都会发生变化。我目睹了病房里每一朵百合的绽放和凋零，并因此越来越喜欢它们了。当清晨的第一道曙光从窗口照进来的时候，我会特别开心，因为我知道很快就会有人来了。起初，我的家人会轮流来陪床，所以我总是有人做伴。我的爸爸妈妈、波利和法耶奶奶都经常来看我，偶尔还会陪我过夜。科迪也陪了我一晚上，但只有那么一次。我不知道他是因为这场事故责备我，还是不想为了陪我浪费这个夏天，因为我们都知道，我俩到秋天就要分道扬镳了。不过，关于我从窗户摔下来的那个晚上，我们已经不计较了，或者说是暂时放下了。我的很多朋友都来看过我，但暑假的计划和即将上大学的兴奋感让他们很快淡忘了这件事。随着大家都开始为新生活做准备，探访和慰问电话渐渐变少了。可我还是在病床上躺着，一动也不能动。

后来，丽莎·德·奥拉齐奥有一天突然跑来看我，让我大吃一惊。她和我不是关系特别铁的朋友，但我一直很喜欢她。我们是高中同学，但不是特别亲近，不过我一直很钦佩她。她很受欢迎，是校足球队成员，刚上高一就和学长学姐混得很熟，比我要酷多了。不过，当她听说我出了意外，马上就跑来看我了。她后来又来看了我好几次，还给我带了张音乐集锦CD，里面是我们都很喜欢的摩城音乐、老派说唱和嘻哈乐。她还会给我打电话，有时只为打个招呼，帮我缓解成天待在房间里的郁闷情绪。

她没有摆出可怜我的样子，似乎只是想来陪陪我。有她做伴，让一切都变得不一样了。她是如此慷慨，如此善良。我知道，我也想成为这样的人。如果有我认识的人躺在床上一动也不能动，我也想为他做这些事。陪在病人身边，或者知道有人会陪在自己身边，会让一切都变得不一样。丽莎并不知道当时她为我做了这么多，但这让我们成了终生的挚友。她是我在这个世界上最爱的人之一。我知道，无论发生什么事，我们都会陪在彼此身旁。

我有个最喜欢的护士，名叫罗伯塔。我很期待她每天早上来查房，因为她会带着灿烂的笑容和真诚的善意问候我。在所有的护士里，我只愿意让罗伯塔帮我洗澡。对了，还不仅仅是洗澡。她会用温暖的浴巾擦拭我还没有长好的肢体，还会慢慢把我的头往后按，把头发浸在温水里，然后帮我洗头发。最后，她会轻轻拍干我的身体。当罗伯塔不能帮我洗澡的时候，我想要波利帮我。有生以来第一次，后妈成了我最需要的人。

那个时候，我慈爱的爸爸妈妈反而不是我最需要的人。我不想被别人可怜，也不想看到他们的泪水，还有我带来的心碎和担忧。波利才是我需要的人。如果有人能帮我重新起身和行走，那一定是我的后妈。她确实做到了！她是个善良的女人，但也是你见过的最雷厉风行的人。她很爱我，但她并不打算放任自己的继女（哦，这可怜的孩子）除了身患将让她失明失聪的毁灭性病症，还留下身体上的残疾。她要去看望瑞贝卡，这个不想待在床上、不想被人同情、想要尽快重新站起来、好去上大学的女孩，大学才是她应该待的地方。

当医生和社工在讨论我的出院日期时，爸爸妈妈决定是时候告诉我，我无法按原计划在秋季进入大学了。他们解释说，我的伤势实在太严重了，至少得接受1年的物理治疗，才能重新独立行走。我彻底绝望了。尽管我早就意识到，自己不可能很快就去密歇根上大学，但我还是觉得，一旦自己顺利出院，最艰难的部分就结束了。但事实并非如此。我的孪生兄弟，我高中时期的恋人，还有我所有的朋友，都将离开这里，翻开激动人心的人生新篇章，而我却要留下来，被锁在轮椅上，要比以往任何时候都更努力，只为重新学会最简单的行走。

除了右腿外，我的后背和四肢也摔断了，都打上了重重的石膏。而且，在我能光靠自己从床上坐起来、站直、翻身和挪到轮椅上之前，医生是不会批准我出院的。我需要单靠右腿做到这些事，然后只能靠一条腿蹬着轮椅出门。不用说，右腿成了我的依靠，它为我付出了一切。我每天都努力练习，一遍又一遍，直到我能连续做上3遍。我从来没有像想离开病房那样那么想离开一个地方。

◆ ◆ ◆ ◆

得知终于能出院了的那一刻，我简直如释重负。我特别想回家，因为这是走向康复的第一步。我们决定，我要搬进爸爸和波利家的小客房里，因为这样我就不用爬楼梯了。实际上，我已经下定决心了。我还没有准备好回到妈妈住的地方，也就是事故现场。我也拒绝在爸爸妈妈的新家之间来回奔波，就像过去很多年里我做的那样。虽然我不习惯惹人不快，也不想伤害妈妈的感情，但这一次我必须坚定明确地说出自己的需要，首先为自己考虑，而不是为别人着想。

我家的一个朋友自告奋勇地给我搭了几条木质坡道，这样我就可以自己蹬着轮椅从车道进入客房，从卧室前往浴室了。他在妈妈的新家也给我搭了一条坡道，为我回去的那一天做准备。

上坡道是我面对的下一个挑战。我练习了好些天，右腿才有了足够的力量，能一口气把轮椅蹬到坡道顶部，而不是骨碌碌滚回起点。幸运的是，我最爱这样的挑战了。没有什么能比通过反复练习掌握某个技巧更令我开心的了，而这正是我康复期间的关注重点。努力奋斗是通向彻底康复的唯一途径，也是我重新行走的唯一途径（尽管医生表示情况并不乐观），还是让我的生活回归正轨的唯一途径。我知道自己不可能秋天就去上大学了，但我可不相信得花上整整1年才能康复。因此，我把目标定在了次年一月。我向自己保证，到时候一定会做好上大学的准备。

17

我的新家有一张大床，上面堆着很多枕头，用来给我垫身体。最开始，爸爸和波利晚上会过来帮我塞好枕头，让我能睡个安稳觉。床的一侧放着我的轮椅，还留出了足够的空间供我上下床。床的另一侧摆着一张长桌，放着我需要的东西。就这样，我在大床、桌子和轮椅构成的空间里度过了接下来的5个月，我需要的一切都触手可及。

波利送了我一幅上面有小狗照片的挂历，这样我回家后就能按时看医生了。她只是表示善意，让我管理自己的日程，但这对我来说很重要。我是那么幼弱，她却待我像成年人一样，相信我能自己安排并完成康复计划。

回家后的第一个晚上，我躺在床上环视自己的新家，突然看见桌子底下有支红色圆珠笔。我觉得自己很需要它。我刚才检查了桌上的东西，觉得最有用的是木头做的痒痒挠，因为我可以拿它挠石膏的里面。我有时还会疼，但更难忍的是痒。我的身体非常敏感，挠痒痒的时候简直像是上了天堂。

我可以用痒痒挠把笔勾到手能够到的地方，但我没法弯下身把它捡起来。我不想等到第二天早上再找人帮忙，所以我用胳膊肘撑着身子，努力爬到床的另一侧，让右脚着地。然后，我就像出院前练过无数次的那样，用右脚支撑着把身子转了一圈。

坐上轮椅后，我用右脚蹬着它绕到床的另一边，尽可能靠近桌子。我拿手闸固定住了轮子，然后用胳膊肘撑着扶手，右脚拼命往桌子底下伸。试了几次以后，我终于用脚够到了笔，把它拉了过来。最后，我用脚指头夹住笔，把它放进了手里。

我觉得自己成功了，因为我是靠自己做到的！此时此刻，我突然意识到，在家和在医院里完全不一样。我不会再平躺着等待身体恢复，而是要通过努力让它尽快康复。我回到床上后，再一次感谢了我的双肘。当时，我做每件事都需要它们帮忙，当然还有我的脚指头。我用打着石膏的手笨拙地拿起红笔，在小狗挂历上今天的位置重重画了一个红叉。这就是为什么我需要这支笔。这将成为我养伤期间每天的亮点——每天晚上睡前在日历上画个红叉，计算距离我下一次看医生、接受后续手术或物理治疗还有多少天。

唯一比痒更难忍的就是无聊。我的朋友们都去上大学了，我觉得似乎每个人都丢下我往前走了。所以，我也没有主动去联系他们。我记不清当时和现在有多少不同了，只记得那时因特网还没有普及，只有商界精英才会带手机，电子邮件已经有了，但拨号上网的速度慢得像蜗牛爬一样，没几个人会经常用它。

还是会有人来探望我。爸爸妈妈总会带些吃的、书或其他必需品来看我，尽可能多陪陪我。家人朋友有时候也会给我打电话。劳伦也来看过我。她会爬上我的床，对我说个不停。她咿呀学语的童声帮我排解了不少郁闷。我太渴望有人陪了，即使是探访护士协会派来的每隔几天帮我洗一次澡的护士过来，我都非常兴奋。她们不在的时候，奶奶和波利会帮我洗澡。我会把轮椅蹬到卫生间，把马桶盖放下来，在上面铺一条毛巾，然后用右腿撑着转身坐上去。我会光着身子坐在上面，等人拿毛巾帮我擦拭身体，耐心地擦洗每一寸没有打石膏的肌肤。尽管我起初有点儿尴尬，但很快就觉得洗澡挺舒服的，而且全身干干净净的感觉很不错。

每周一次，我会把轮椅蹬到洗手池边，仰起头，让别人拿杯子浇水帮我洗头，用洗发香波帮我按摩头皮。那种感觉真是美妙极了！由于我身上大部分地方都打着石膏，我觉得自己被人接触的地方太少了，而且即使是有接触，也是出于治疗的目的。有人能用双手温柔地抚摸我，对我来说是一种慰藉。我太渴望张开双臂去拥抱，去偎依，去和科迪跳舞，甚至只是握住某个人的手了。

法耶奶奶来住了几个星期，带来了一大捧鲜花。除了帮我洗澡外，她还花了很多时间陪我聊天，和我待在一起。我觉得我在那个时候才真正认识了她这个人，而不仅仅是我的奶奶。我很珍惜和她共度的时光。即使已经96岁了，她还是很有气质。她有一双美丽敏锐的蓝眼睛，脸上总是挂着迷人的微笑。她每天都会玩《纽约时报》上的填字游戏，还通过“行万里路”[①]周游世界，准备前往中国和其他远东国家。在95年半的岁月里，她可谓活到老学到老。

我们待在一起的时候，都得戴上助听器。我拄着我的特制拐棍，她拄着她的拐杖。她以身作则，言传身教。她告诉我，没有人想听你抱怨，有苦要自己吞，有难要自己扛。用积极的心态拥抱世界，你就能从生活中得到更多。她给了我很多鼓励，对我的康复起了不可或缺的作用。

不过，虽说会有人来探望，大部分时间我还是独自一人。尽管我花了很多时间恢复体力，做医生安排的训练，彻底康复还是遥遥无期。我等啊，等啊，等啊。我成年后很喜欢独自消磨时光，但在当时，孤独实在是种折磨。

有天晚上，我觉得哪怕在床上多待一分钟也受不了了，便决定和家人一起出门看电影。我很兴奋，因为终于能出门了，去哪里都无所谓。我已经好久没有为寻开心而做某件事了。但我们到了影院才发现，得爬好长一段楼梯才能看电影，而且放映厅不允许轮椅入内。我看着面前长长的楼梯，就像看着珠穆朗玛峰一样。一阵强烈的挫败感向我袭来，我失望得眼泪都要掉下来了。我第一次意识到，即使是我们平时觉得稀松平常的娱乐项目，对某些方面有缺陷的人来说也是不小的挑战。常人轻易就能办到的事，有些人必须倾

① “行万里路”（Road Scholar）是美国的一家非营利性组织，主要为老年人安排有教育意义的旅游项目。

尽全力才能做到。我对这些人充满了敬意。当时，我没有联想到自己的其他缺陷，但我很快就会有亲身体验。最后，我们只好在一层看了一部迪士尼卡通片。

我做完第一次手术后又过了一个月，就要做后续手术，把左脚里的钢钉取出来。在做了那么多次手术以后，我对回到医院充满了恐惧——又要打石膏，又要重新恢复了！虽然这次我只需要在医院待一个晚上，但哪怕是在死气沉沉的病房里待一个小时，我也会恶心想吐。但就在这时，我想起了丽莎在上大学前送给我的礼物。

丽莎知道我还得重返医院后，就给我刻了一盘手术CD。护士刚开始做术前准备，我就戴上了耳机。等他们把我推进手术室麻醉时，音乐已经开始起作用了，我一直专心致志地跟着罗伯·贝思（Rob Base）的《乐与痛》（*Joy and Pain*）哼唱。等我醒来的时候，詹姆斯·布朗（James Brown）的《站起来》（*Get on Up*）刚好放到一半。这么微不足道的小事，竟能大大缓解我的恐惧心理，让痛苦变得容易承受，简直是不可思议！

等医生终于把石膏拆下来的时候，我的腿脚好像已经不属于我了。我脚上大部分的骨头都是从屁股上移植过来的，我简直不敢相信这是我的脚！最开始我都不敢动，觉得一动它就会碎掉！一周三次的物理治疗开始了，我无比期待这些日子的到来。最先开始的是手部运动练习，接下来是针对还很脆弱的腿脚的练习。他们第一次让我骑上健身脚踏车的时候，我只能骑10分钟，因为我腿上毫无力气。但随着时间的推移，我的身体变得越来越强壮，我也开始喜欢骑健身车了。

后来，我终于可以戴着轻便行走石膏自己开车去做物理治疗了，这让我感到了久违的自由。我可以自己做点儿事了，我又能开车了，这对我来说是莫大的安慰。我坐上驾驶席的那一刻，差点儿没哭起来。

我过去一直长得很结实，但自从出了意外，我的体重减轻了不少，左小腿也萎缩了，原本强壮的身体完全变了个样。我头一次意识到了精神与身体的联系，开始把照顾自己的身体放在第一位。这场事故让我意识到，集中注意力，照顾好身体，对我来说有多么重要。这件事给我的感觉和我后来对失明、失聪的感觉是一样的。我明白，我必须把身体视为来自上天的馈赠。这场事故让我做好了应对未来挑战的准备，也让我知道了自己多有韧劲。

不做物理治疗的时候，我也会在车道上做康复训练，绝不浪费一分钟。我从未如此专注，如此充满干劲。直到今天，回想当时的情景还会带给我力量，因为我知道，自从熬过了那个难关，什么事也难不倒我了。当时，我的生活简直是一团糟，即便是做出最小的动作，也是个了不起的成就。我从坐轮椅变成了用拐杖，而且是特制的拐杖，因为我双手都断了，不能把重量压在手上。后来，我又拆掉了行走石膏，逐渐让左脚承受重量。我在车道上锻炼的时候，劳伦有时也会出来玩，用她那双强健有力的小短腿绕着我转圈子。当时，她的运动天赋已经开始展现出来了。我渴望有朝一日能轻松做到现在做的事，祈祷自己能重新行走。

18

就像我对自己承诺的，我在事故发生后的那个冬天就为上大学做好了准备。我知道自己不能去密歇根那么远的地方，因为我需要经常看医生，也担心冰天雪地不利于身体恢复。加州大学圣芭芭拉分校录取了我。我们决定，我先去那里上学，等身体恢复得差不多了再去密歇根。

我迫不及待地想去上大学，想离开小客房，回到原来的世界，因为我已经好长时间没有和同龄人打交道了。丽莎也在加州大学圣芭芭拉分校上学，而且我激动地发现，我们竟然被分到了同一间宿舍。她毫不犹豫地把我拉进了她的朋友圈，那些女孩子都棒极了，直到今天我们还是很亲密的朋友。

每过一天，我的身体就会恢复一些。我会和朋友们一起去健身房，我对健身房的感觉超出我的想象。我和朋友苏菲会一起用随身听听广播，当我们都喜欢的歌曲响起时，我们就会相视一笑。尽管我们一个在健身房这头，一个在那头，我俩总会不约而同地大声唱起歌来。能和朋友一起又唱又笑的感觉真好！最棒的是，我终于可以跳舞了。我会和朋友一起办即兴舞会。音乐声从我们的宿舍里飘出，庆祝我们新近获得的独立。和女友们一起唱歌跳舞是一段无可替代的经历。挤在快乐舞动的人群中，我感到了久违的快乐和自由。只要有好听的音乐，即使是最愚蠢的拼酒派对也会显得有趣，因为我们会抓住一切机会翩翩起舞。无论走到哪里，我们都会又唱又跳。我很喜欢这么做，因为我在很长一段时间里都没法这么做。尽管伤疤和疼痛还没有消失，但明媚的阳光、紧张的学习和有趣的大学生活很快就让我淡忘了过去几个月里受的煎熬。

◆ ◆ ◆ ◆

慢性疼痛就像阴险的魔鬼一样。尽管这次事故让我学会了忍耐和坚持，但肉体上的痛苦永远也不会消失。我的后背和手脚再也不会恢复到原来的样子了。尽管我尽量不让疼痛妨碍自己做真正想做的事，但我每天都在和它做斗争。就像我不断衰退的视力和听力一样，疼痛也是我必须接受的事实。就像对付耳鸣似的，我会试着去无视它，而且有时确实能做到。人的身体竟然有这么强的适应性，这一点真的很让人吃惊。我只是默默承受，因为正如法耶奶奶说的，没人愿意听你说这些。抱怨是没有用的，所以我尽可能闭嘴。

19

在意外发生后的那个夏天，我刚刚19岁，结束了加州大学圣芭芭拉分校第二学期的学业。我又回到了约塞米蒂天湖夏令营，不过这回是来当辅导员的。科迪和我一起来了。他上的是圣地亚哥州立大学，我们在那年春天见过几次面，不是我去找他，就是他来找我。那年夏天，我们又在一起了。我感觉像是回到了过去的生活，但带着更多的喜悦和感恩。我过去根本想不到会这样。天湖夏令营还是像以前一样让我开心。现在，我能做之前以为再也不能做的事了，还能活蹦乱跳地重新回到世界上，这让我比过去任何时候都幸福。能和科迪再续前缘，也让我感觉很棒。虽然我们都知道这只是暂时的，只是我们各自独立生活的小交集，但这种感觉很好，很对，很熟悉，也很舒服。

那是我醒来后还能听见鸟叫的最后一个夏天。我能分辨每只鸟儿不同的歌声，包括我心爱的“而贝雅特丽齐”的颤音，尽管我只能听见很微弱的声音。仅仅几个月后，我的听力再一次大幅衰退。如果离开助听器，我就再也听不见清晨的鸟叫了。即使是戴了助听器，我的辨音能力（也就是把类似的声音区分开的能力）也不足以分辨不同的鸟儿了。

我在夏令营里是游泳辅导员，我的视力和听力还足以察觉水里的麻烦。当时，我不过是个19岁姑娘。我强烈要求做游泳辅导员，是因为想待在湖边的码头上，把皮肤晒成健康的小麦色。但事实证明，我还挺喜欢游泳的。清凉的湖水抚平了我脚上的疼痛，让我差不多恢复了的身体感觉很棒。游泳是一种没有痛苦的锻炼方式。那年夏天，我感到自己的身体完全恢复生机了。

我每天早上都醒得很早，在起床号响起之前就睁眼了。我会穿上泳衣，摘下助听器，跳进暂时空无一人的宁静湖水里。清晨，湖上没有尖叫的孩子，也没有咆哮的快艇，只有静静的水面，温柔的水波懒洋洋地拍打着岸边的岩石。我会做最先打破这片宁静的人。此时此刻，整个湖面都属于我。我不需要眼睛和耳朵，只需要温暖的湖水（奇怪的是，湖水清晨是温暖的，白天却是冰凉的）、湖泊和树木的清新气味，还有最重要的，我身体上每一块肌肉、每一条肌腱都慢慢清醒过来的感觉。

我一直很热爱竞技体育，也努力通过锻炼保持身材。经过这么长时间不能动弹，我终于找回了运动的快感。那年夏天，我内心深处的运动员开始显现。我想把自己奇迹般恢复的身体练得比以往任何时候都棒。我能实实在在地感受到，一块块结实的肌肉裹住了我渐渐长到一起的骨头，温柔地保护着它们。我会从码头游到湖里的第一个浮标，再游到第二个浮标，等听见起床号响起再游回码头，气喘吁吁、双腿打战地从湖里爬出来。

有时候，我会在晚饭后回到湖边，再游上一段。过程越艰难，我就越开心。感觉心脏怦怦直跳，呼吸越来越急促，知道身体曾支离破碎，现在却恢复如新，得到自己的关爱和照顾，这一切都让我更容易忍受痛苦。这和我在车道上迈出第一步的痛苦比起来简直不算什么。在成天躺在病床上一动都不能动之后，游泳给我带来了无穷的快乐。我选择接受这种痛苦，因为我并不害怕它。很快，我就游得毫不费力了，每次划水都又绵长又流畅。我会在湖里游上很久很久，直到手脚无力，胃部抽搐，就像身上背着千斤重担。

夏令营每年都会举办一场5英里跨湖晨泳比赛，整个夏天我都在为此做训练。比赛是凌晨3点开始的，每名选手都有两位辅导员划着独木舟从旁指引。我旁边的是科迪和我们的朋友巴克莱。按照天湖夏令营的传统，他俩头天晚上都一夜没合眼，直到去码头之前都在开怀畅饮，吞云吐雾。当我下水的时候，他们的兴致都很高，还在独木舟里装了不少啤酒，因为这会是一次长达4小时的比赛。当时天还没亮，我眼前模模糊糊的，只能尽量跟着树影往前游。我不停地偏离航向，而且因为没戴助听器，也听不见他们试图让我回到正轨的笑声和喊声。由于我既看不清也听不见，再加上他们醉醺醺的状态，我们至少多游了1英里，也难怪我排名垫底了。但这是我在体育界取得的第一个重大成就。当我气喘吁吁、喜气洋洋地从湖里爬出来时，我感到特别自豪。

那年夏天完美得就像做梦一样。我又成了身心健全的人，也把那场事故抛到脑后了。我完全没有想到，在短短的几个月之后，我会在密歇根一个寒冷的雪天收到噩耗。

20

我抵达密歇根大学后，最先做的便是前往残疾学生服务部，和听力障碍服务处的负责人见面。我不知道会发生什么事，只猜想了一下他们会怎么帮助我。我在那里发现的东西很特别，在那里认识的人更特别。我一进门，负责人乔尼·史密斯老师就热情地招呼我。她50来岁，天性乐观，蓝眼睛里充满了善意，还有一口和年龄不符的娃娃音。我一见到她马上放松下来了。她就像姜饼和热牛奶一样，让我觉得很舒服、很安心。后来的事实证明，她是我认识的人里最无畏的残疾人权益倡导者。她的祖父祖母都是聋哑人，她本人还为比尔·克林顿、希拉里·克林顿、科菲·安南和世界上很多著名领导人做过手语翻译。

尽管有这样的成就，她最大的热情却是确保学生获得必要的帮助。当时，我一直觉得自己的残疾对别人来说是巨大的负担。因为需要向别人求助，我觉得既恼怒又惭愧。从第一天起，乔尼就让我明白了，自己过去的想法是错的。我不清楚自己有多少法律赋予的权利。直到她解释了一番，我才意识到，向人求助其实不会惹人厌烦。她给我上了捍卫自身权益的重要一课，这对我日后踏入社会很有帮助。因为在现实世界里，没有人会主动来帮助我，人们也远不像在大学里那么善良随和。我想，捍卫自身权益对许多人来说都不容易，尤其是女人。乔尼的鼓励给了我力量，促使我在各个领域里捍卫自身权益。

她还教会了我，当我有需要的时候，一定不能接受对方的拒绝。我过去会在课堂上保持沉默，然后私下和教授沟通，请他们问问课上有没有人愿意帮我做详细的笔记，我会为此付钱。大部分教授都会欣然接受，但偶尔也会有人不理解，或是直接拒绝。乔尼一贯都很温柔，但一涉及学生权益，她就会化为一股让人难以忽视的力量。如果某个教授不肯帮我，她就会直接给他打电话，甜美的娃娃音也会变得又激动又尖锐。“你没得选，”她会告诉他们，“如果这个问题不解决，我就会让学校介入。”

乔尼还是我的忘年交。我进入密歇根大学的时候，耳鸣刚刚开始发作。我离开医生办公室的时候，拿着的不是减轻症状的药方，而是一份残酷的诊断报告。上面写着，尽管医生还不清楚具体时间，但我肯定会失明、失聪。我第一时间把这件事告诉了乔尼。我可以在乔尼面前痛哭流涕，毫无保留地释放自己。

我走进她的办公室，感觉非常糟糕。她则会提醒我，残疾不是我的错。

她还会夸我既漂亮又聪明，把谈话引向积极的方面。我能看得出，她从帮助别人的过程中获得了满足，我也是这样的人。我为能和这位出类拔萃、精力充沛的女士有相似之处而倍感自豪。随着我对她的了解渐渐深入，我发现她过去活得也很不容易。但她不是留在过去，而是活在当下。无论有多忙，她都会为我留出时间。她从不可怜我，也不把我当作残疾人。我觉得自己终于找到了可以效仿的榜样。我过去一直不愿意接受别人的帮助，但我能欣然接受她的帮助，因为乔尼帮我的方式是教我自助，而这改变了一切。

乔尼鼓励我学习手语。尽管我或许能在未来的某一天植入人工耳蜗，恢复听力，但这怎么看都像是科幻小说里的情节。我也知道，手语能帮助我更好地与人沟通。当我得知学校第一次开设手语课之后，乔尼立刻在那个小班里给我留了个名额，因为开班是她提的要求。我学习的这门语言将在日后发挥重要作用。

为了满足自身需要，人类取得了非凡的成就。沟通就是一种需要。人类都爱讲故事，都需要向别人讲述自己的故事。目前，世界上大约有7千万人使用手语，这能让他们像听力正常的人一样过上充实的生活。

尽管直到18世纪才出现正式的手语教学，但手语的历史可以一直追溯到公元前5世纪。柏拉图就引用苏格拉底的话说："如果我们没有发出声音或没有舌头，却想向别人解释某些事情，难道不会试着挥动双手、摇动脑袋或摆动身体的其他部分，就像聋人那样做吗？"

18世纪晚期，阿比·查理-米歇尔·德尔皮在法国创办了第一所专门面向聋人的免费学校，在这里上学的孩子都学会了打手势，便于回家后和家人沟通。通过学习和收集这些手势，德尔皮开始创建一套完整的语言体系。不久，标准手语就诞生了，聋人学校也迅速遍布欧洲。

1817年由托马斯·加劳德特和劳伦特·克莱尔创办的美国聋人学校，是美国第一所专为聋人设立的学校。而1864年成立的加劳德特大学，至今仍是美国乃至世界唯一优先接受聋人和听力有障碍的学生的人文科学院校。

手语非常优美，是一门充满力量、令人激动的语言。就像所有现代语言一样，手语也在不断变化发展。它还是唯一让人用两种语言同时沟通的方式。仔细想想的话，这真是酷毙了。加上手势以后，人们的脸上也会呈现丰富的表情，这也是手语的重要组成部分。你可以表示“我~很~累~”，也可以表示“我！很！累！”这完全取决于你用了多大力道比画手势，还有你脸上的表情是什么样的。有些时候，用手语表达某些事会更直接。这种方式在我看来很新奇，但对聋人来说则很自然。比如，你长胖了一些，而且有段日子没见你的聋人朋友了。打招呼过后，朋友指了一下你的肚子，然后鼓起腮帮子，双手在自己肚子前面比画了一下，意思是你变胖了。如果别的朋友直接说你长胖了，你可能会觉得难受，或者很生气，但由于手语里没有多余的表达，也就没有丝毫的做作和虚伪。你没有被人批判，这只是一种更直接的沟通方式。用手语也能进行深入的对话，可以是漫长而复杂的哲学对话，也可以是充满爱意的甜蜜呢喃。不过这种对话比较花时间，还得特别集中精力。

要融入聋人群体，你必须付出很多努力。你必须清楚地表示，你很愿意花时间、花精力跟听力有障碍的人沟通，跟他们交朋友。对我来说，融入聋人群体并不是件容易的事。那是一个刻意和别人保持距离的团体，一方面是因为在这个团体里，大家不会将听力缺失视为残疾；另一方面是因为很多听力正常的人会歪曲、误解和中伤聋人。聋人在历史上曾被当作智障看待，而且许多听力正常的人和聋人待在一起会觉得不舒服。人们都希望用自己的语言沟通，这是很自然的。但对聋人来说，手语是他们仅有的语言。在我看来，和聋人朋友在一起我会觉得很放松。尽管我的视力不太好，手语还是能让我更容易和别人沟通。

我很难和陌生人或者不是特别专注的人闲聊。对我来说，谈话需要全神贯注。其实，大多数人聊天的时候都很难集中精力。如果你全神贯注，就会发现这么做的奇妙之处。如果不是现实所迫，我也很难做到这一点。不过，我也因此得到了丰厚的回报。直视对方，而不是越过他的肩膀去看屋里的其他人，同时关注对方说的内容，通常会让对话变得更私密、更有趣，只要对方也愿意这样做就行。

和聋人沟通的时候，他们总是那么全神贯注。当你要用双手和眼睛代替耳朵的时候，只有全神贯注才能与人沟通。你必须关注当下。

◆ ◆ ◆ ◆

人们总是说“活在当下”或“珍惜眼前”。当然，我不是希望别人和我有一样的经历，如果可能的话，我自己也不会选择这样的经历。但它确实有助于我理解“活在当下”的真实含义，促使我努力做到这一点。

我不是说，要把每天都当作生命的最后一天来过。我做过这样的事，玩过蹦极和跳伞。有很多次，我和很多人在一起，喝了很多酒，不停嘟囔着“我们要把握人生”。但我意识到，我无法跟上那疯狂的节奏，而且那样的生活其实并不充实。我有着人们称为“无穷”（有人说是“过度”）的精力，静止不动不符合我的本性，但如果我从不停下来做个深呼吸，我就不会感谢这个对我来说慢慢（有时也不是很慢）沉寂、暗淡下去的世界。我的视力和听力每况愈下，我将在黑暗和寂静中度过数十年。如果我足够长寿的话，那会比我能听见、能看见的时间还要长得多，不过我知道，每个人都会不可避免地走向死亡。从某些意义上说，我会为自己无法忘记这一点而感到幸运。

活在当下就意味着我会感激自己活着的每一天，每一分钟。我还记得，当春天来临后，自己看着苹果树和樱桃树在短短几周里抽芽开花的情景。尽管我现在不但看不清它们，也看不见它们的轮廓，每次只能看见它们的一部分了，但能看见它们我已经很知足了。我很喜欢看人们的脸。或许我盯得有点儿久，但有朝一日我会再也看不见任何人的脸，所以我现在看了又看。我要在永远看不见东西之前，把我喜欢的人的样子深深印在脑海里。

没有东西是永恒的，我们都知道这一点，但很容易忘掉，都喜欢把事情留待明天。人终有一死，但对我来说，有两件非常重要的东西在那之前就会消失。这时刻提醒着我，要趁着还拥有的时候，关注自己已有的东西。每个人都不该低估自己，但很多人都会这么做。每个人都能欣赏和收获人世间的欢乐，只是很多人忘了去这么做。

我为自己拥有的东西感激上苍，因为每一天我拥有的东西都比前一天少，未来还会越来越少。我不是盲目乐观的人，却是个乐观主义者。这或许是运气使然。当然，我曾多次像你想象的那样愤怒、沮丧、心碎。我曾为自己失去和即将失去的一切痛苦不已。我曾在半夜醒来，任悲伤一泻千里。我早就知道自己将失去视力和听力，如今我正在亲身体会这个过程。即便是现在，我也不确定自己身在何处，什么时候才能度过困境。我过去觉得30岁就很老了，但现在我觉得自己还年轻。我在黑暗中醒来，静静地躺在那里，不知道实际上有多安静，垃圾车是不是已经开动，外面有没有传来狗吠，楼下有没有醉汉大笑经过。除了自己脑海里的声音外，我什么也听不到。有时候，我尽管努力克制，还是忍不住要想自己最后会变成什么样子。在针孔般大小的视野永远闭合的那一刻，我能看清最后一幅图像吗？还是说，那幅图像会越来越模糊，就像印象派画家不断抹去清晰的图案，留下淡淡的颜色，最后只剩下一片空白？我最后听到的声音会是笑声、哭声还是火车进站的轰隆声？

这些想法毫无意义，但感受这些情绪正是我应对自身处境的方法。当我和这些情绪做斗争的时候，我常常会泣不成声，甚至请求旁边的人由着我尽情哭泣，让我紧紧抓住自己还拥有的东西。求求你们了！然后，我就可以继续前进了。我不会觉得老天对我不公，也不会埋怨生活太过复杂。我知道自怜自艾是个陷阱，只会消磨我的自尊，浪费我宝贵的时间。相反，我选择感恩：满足于自己拥有的东西，乐观地看待未来。这是有意识的选择，是要付出努力的选择，但除此之外我还有别的选择吗？如果我们想活得更充实，除此之外还有别的选择吗？

如果我们知道自己这一辈子会遇上哪些事，大部分人都会变得浑浑噩噩。我必须尽可能让自己做好准备，为那些必将发生的事做好准备。因为，如果我只关注那个没有光亮、没有声响的未来，我就会错过当下许多美好的瞬间。

当我听别人感叹生命无比脆弱，瞬间就会消失的时候，我总会想到，对我来说，脆弱的不是生命，而是活在看得见与看不见、听得见与听不见的不确定之中。我曾体验过失明、失聪一整天的感觉，这提醒了我，我的生活和别人有太多的不同。如今，我在两者之间左右摇摆，有时在天平的这一边，有时在天平的那一边，情况每天都会变，甚至每小时都会变。有时我状态很好，有时则波动不定。俗话说，事情只会朝一个方向发展，这就是我身上发生的事。两者的界限会逐渐模糊，直到我再也看不见。

21

医生确诊后又过了一年，到我20岁的时候，我在寒假期间回了一趟家。尽管我和科迪已经有很长一段时间没见了，但我们似乎只要一见面就会重新在一起。不过，这一次，在我回家的时候，他倒是对我挺冷淡的，似乎对再续前缘不感兴趣。

当时，我并不知道他有了新女友。他可能是担心说出来会伤害我的感情吧。我当时确信是他对我失去了兴趣，如果我看上去更漂亮一些，他应该会回过头来找我的。我没有意识到，接下来发生的事其实不全是为了科迪。

虽然我一直都不胖，但我开始相信，自己需要减肥才能找到幸福。我回到学校后，立刻办了“慧俪轻体”（Weight Watchers）的会员卡，开始每天去健身房，就像他们告诉你的那样，每周减掉1磅（约合0.9斤）体重。不过，当我开始看到成效的时候，我并没有继续按原计划走，而是进一步挑战自我，不断给自己增负，希望变得更瘦。我延长了锻炼时间，有时会在白天上课前练上3小时，如果白天抽不出空来，就在晚上多练几个小时。我去健身房不是找乐子，不是跟朋友聊聊天，攀岩时听听音乐，而是拼命地锻炼。我现在清楚地知道，这是很多年轻女性都有的想法，我当时也犯了和她们同样的错误。我深信，如果自己看上去完美无缺，或许就没有人会注意到我的问题、我的缺点。

我想，很多人（尤其是年轻女性）都对这种感觉不陌生。我不但要合理安排学习、社交和锻炼，让周围的每个人都喜欢自己，还要对大多数人保守秘密。我不想谈论自己的眼睛和耳朵，走路的时候努力不跛，不让别人看出我的疼痛。一想到别人会觉得我很可怜，我就恶心想吐。因此，我无视自己不可掌控的残疾，专注于自己能够掌控的事情——吃饭和锻炼，尽可能保持苗条漂亮。

我希望别人认识的瑞贝卡是个有趣、随和、努力的女孩。她喜欢跳舞，也爱和男生调情。她是个很好的朋友，总是那么风趣幽默。我希望男生觉得我又漂亮又开放，但我却很难喜欢上自己。理智上我很清楚，患有乌瑟尔综合征不是我的错。那为什么在确诊以后，我有时候还会忍不住想，这是不是证明了我这个人有问题？我担心，如果别人知道我患有乌瑟尔综合征，就不会觉得我有趣了，他们对我好或许只是因为觉得我可怜。我也知道，我不可能永远保守这个秘密。所以，我想现在就活出精彩。我喜欢男生盯着我看的样子，他们的眼睛告诉我，他们很喜欢自己面前的这个女生。我想保持这种感觉，越久越好。

为什么我们有时候不得不一遍又一遍地汲取同样的教训？事故发生后，我开始欣赏自己身体的韧性和力量了。我锻炼是为了感受身体的每个部分，让自己变得更强壮。现在，我有了一副健康的身体，却渐渐开始觉得是理所当然的了。现在，我想让它变得完美，即使我内心深处知道这是不可能的。

有一天晚上，我做了一个永生难忘的梦。那个梦的寓意非常清晰，不需要解梦人也能弄清它要表达的意思。那是在我饮食和运动失调的巅峰时期，我每天都会锻炼好几个小时，然后在深夜暴饮暴食，通常是狂吃花生酱。那个时候，我的身体已经饿了一整天，极度渴望高脂肪、高热量的食物和它们提供的营养。

在梦里，我的助听器上盖满了花生酱。我不停地擦，不停地挖，拼了命想把花生酱弄掉。但无论我多么努力，无论我弄掉多少，花生酱还是源源不绝，就是弄不干净！

那年夏天，当我回到家乡的时候，整个人既苗条又健美，拥有完美的小麦肤色。我成了自己梦想中的完美女生。我狂吃减肥药（那些充满麻黄素的可怕药片现在已经被禁了），尽可能少吃其他东西。我的早餐是一个切成薄片的苹果，蘸着低热量的木糖醇酸奶吃。午餐通常是胡萝卜蘸莎莎酱，晚餐则是一大盘沙拉，里面全是蔬菜和去皮鸡胸肉，浇上不含脂肪的酱料。

那年夏天早些时候，我在健身房碰见了科迪。他说我看上去实在是棒极了。我们马上就计划复合，于是他跟当时的女朋友迅速分了手，那个女生我直到很多年后才认识。我确信，他重燃激情完全是因为我看上去很棒。尽管对方是科迪，一个早在我健身之前就爱过我的男生，我还是认为这完全是因为自己的身材。这强化了我一直在寻找的东西，当然，也是对我来说最糟糕的东西。

在接下来的几年里，我一直试图接纳自己的身体，并为此浪费了很多时间和精力。就像很多女人一样，我会根据镜子里映出的形象，判断自己是什么样的人。

22

那年夏天，就在我煞费苦心地计算卡路里摄入量、玩命锻炼身体的时候，我也开始在加州寻找为残疾人提供服务的盲文学习机构了。乔尼鼓励我这么做，但我起初一直拖拖拉拉地不想去，直到妈妈开始催促我，我自己也开始感兴趣了。我讨厌用这种方式看待自己，不愿意让别人认为我需要帮助，在停车场需要预留车位，在公车上需要被让座。虽然我很佩服其他残疾人的勇气，羡慕他们能捍卫自己的权益，但我无法想象自己也这么做。因此，尽管打了电话，我还是告诉自己，我想学盲文不是迫不得已，而是因为这很酷，很有意思，就像有些人学意大利语一样。

我小时候看过《小房子》（*Little House*）系列儿童绘本，看到劳拉的姐姐玛丽因为脑炎而双目失明。从那时起，我就对盲文产生了兴趣。劳拉的家人做出了巨大的牺牲，拼命工作赚钱，好让玛丽进入艾奥瓦盲人大学读书。在那里，玛丽的所有功课都是用盲文教的。这是一个贫穷的家庭给予孩子的无价礼物，因为他们相信，让她接受教育才是最重要的事。我还记得在一张插图上，漂亮的玛丽从学校回家时，脸上露出了满足的笑容。这让我想入非非，希望自己也能靠指尖的触碰来阅读。我常常在读书的时候闭上双眼，用手指轻拂书页，就像自己也能读盲文一样。

不久，我就接到了露丝打来的电话。她在加州残疾人康复部工作，打电话来是和我约时间，准备来家里给我上第一堂盲文课。我虽然没见过她，但一听声音就知道她是个盲人。她说话时非常热情，但似乎有些不擅社交，就像卡通片里的人物一样。我恨自己第一次和露丝通电话竟然会产生这种想法，恨自己听起来似乎对和露丝见面、学习盲文这两件事没有她那么激动，恨自己竟然在逃避这位声音温柔悦耳的女士。当她给我介绍上课的细节，给我安排上课时间的时候，我有点儿开小差了。她那像迪士尼卡通人物一样的声音让我浮想联翩。我想象我们俩站在一家儿童主题乐园的入口处，她的辫子上系着红飘带。她先递给我一只超大的彩虹棒棒糖，然后打开大门，放声歌唱："嗨，瑞贝卡！欢迎来到失明乐园。请拉住我的手，我来给你领路！"

我浑身一颤，回过神来。我知道，自己绝不会走进那扇门的，无论是在幻觉里还是在其他地方。我尽可能温柔体贴地对她说话。与此同时，我很鄙视自己，却无法摆脱一种感觉，觉得我是在帮她的忙。我骗自己，让自己相信，我其实是在做善事，在帮这位双目失明的女士找回自信，让她有工作可做。她真的是双目失明，而我只是假装失明。

当时，我还不理解失明究竟意味着什么。我还没有意识到，在12岁初次诊断后我的视力又下降了多少。我也没有把视力衰退和双目失明联系在一起，总觉得这听起来太不可思议了。我一直把失明看成是自己长大后才会发生的事，实际上当然不是这样的，但我从来没有认真思考过这件事。我仍然将医生的诊断和自己的生活截然分开，向别人解释这种病对自己有什么影响的时候，就像在说别人的事一样。

我在车道尽头迎接露丝，领着她走进家里。要找到邻居家车道旁那条狭窄、弯曲的小路本来就不容易，对盲人来说更是比登天还难。露丝刚刚小心翼翼地迈出残疾人专用巴士，我就和她打了招呼，然后搀着她的肘部，领着她朝屋子的方向走。我很擅长做这件事，并为此感到自豪。我参加过很多次抗盲基金会举办的会议和活动，知道给盲人带路的最佳方式，也能设身处地地为她着想。不过，我还远远谈不上感同身受。

露丝生来就双目失明。她的眼睛上有一层介于白色和浅蓝色之间的阴翳，所以无法聚焦。她的左眼球冲着右上方，右眼球则冲着天。我很清楚，她从来没有看见过东西。但她站在我面前后，我马上就被她迷住了。她适应世界的方式令人赞叹——无论是听我说话的方式，对我说话的方式，还是她对我这个向导的绝对信任。这种无条件的信任让她看上去像孩子一样。这让我有点儿不舒服，甚至有点儿生气，因为她是被迫相信我会负责地引路的，这似乎很不公平。我不知道要怎么排解这种沮丧，只能尽可能让她感到安全舒适。

我把胳膊伸给露丝，让她挽着。这样，她就能感觉到我手臂的活动，进而感知我身体的运动，就知道什么时候要走楼梯，什么时候正前方有东西，也就不会猝不及防了。走到很陡的楼梯前面时，我告诉她左边有扶手可以抓。我数着台阶往上走，快走到头时会提醒她留神。我喜欢做这些事，喜欢帮助她，也喜欢被人需要的感觉。给别人帮忙和看别人帮助其他人的时候，我总是觉得特别充实。帮助露丝让我觉得轻松自在，也让我差点儿忘了她来我家的真正理由。毕竟，现在是我在帮她嘛。

我爸爸妈妈养了一只名叫塔利的伯厄尼山地犬。它体形超大，又特爱激动。每次来客人的时候，它都会热情地叫着扑上去。我和露丝还没走到门口，塔利就叫了起来，还围着我们打转，以示欢迎。露丝笑了。她马上就理解了塔利只是嗓门大，并没有伤人的意思。这或许是因为她失去了视力，所以听力特别敏锐，能分辨大多数人听不出的细微差别，进而理解塔利叫声的含义。我忽然意识到，她或许也听出了我打电话时心不在焉，听出了我对她的轻视。尽管我不是有意要这么做的，但我无权这么对她。

我们快到门口的时候，塔利朝我们走了过来。我赶紧发出嘘声轰它，免得它挡了露丝的道。但露丝感觉到塔利的尾巴扫过自己的小腿，马上就停下脚步，蹲下身去，把手伸给塔利闻。塔利兴奋地嗅着她的手，露丝则柔声对它说："你好啊，小美女，很高兴认识你。"我暗暗地想，露丝叫塔利"小美女"可真够讽刺的，因为她什么也看不见，很可能连狗长什么样都不知道。当时，我认为她这么说只是从别人那里听来的，而不是自己的亲身体验。但现在，当我的情况已经和露丝很接近的时候，我想了很多问题。当你看不见东西的时候，“美”到底意味着什么？在我看来，我家狗狗奥利弗是天底下最可爱的小东西，但这不仅仅是因为它水汪汪的眼睛、软软的身体、可爱的卷毛和骄傲的金毛小尾巴，还是因为它的温暖、热情、好奇和活力。或许这就是露丝对“美”的认识吧。我真希望自己当时能问问她。

一切都安顿好之后，我发现，自己原先设想的“我是在帮她的忙”大错特错了。露丝给我阅读盲文指南时，指尖在凹凸不平的白色书页上飞舞，我很快就被她轻盈的动作吸引了。我注视着她的脸庞，感觉自己像是在偷窥，因为她看不见我，我也不知道她会不会察觉我在盯着她。我对她的表情、语速和警觉度都很好奇。我不断提醒自己，别再没礼貌地盯着人家看了，低头看看她正在读的书吧。但她的脸庞深深吸引着我，就像书页吸引着她的指尖一样。

轮到我把手放在盲文书上时，我才知道自己的手指有多不敏感，辨别每个盲文字母有多困难。我还一直觉得自己的触觉很敏感，能弥补视力和听力的不足呢！但把手放在几百个由小凸起组成的盲文单词上之后，我立刻就不那么想了。我想起了海伦·凯勒，她一生中从未看到或听见一个单词。我觉得自己跟个白痴似的，竟然没想到学盲文有这么难。

上完第一堂盲文课后，我向露丝保证会好好练习的，尽管我很怀疑自己能否坚持下来。毕竟，我还不需要这么做，因为我还看得见。我陪她走下楼梯，走过鹅卵石车道，来到人行道上，等残疾人专用巴士来接她。露丝告诉我，她已经跟司机说过什么时候来接她了。由于我跟医生有约，得自己开车过去，所以向她道谢以后，我就把她一个人丢在那儿了。

几分钟后，我开车从车道上出来，看见她还在耐心地等巴士，就出于本能地向她挥手道别。但我马上意识到，她根本看不见我的手势。大约1小时后，我从医生那里回来了。快开到家门口的时候，我发现露丝还站在烈日下等车。

不是我不知道应该怎么做（对我来说，帮助别人一直是自然而然的），但我开车从她身边经过，却没有停下来。我知道这么做很糟糕，自私自利，不知感恩，既是对她的背叛，也是对自己的背叛，但我还是这么做了。从她身旁开过的时候，我一直紧紧盯着她，心里充满了愧疚和悲伤。我觉得自己利用了她，就像我瞥了一眼她的生活，弄清了失明意味着什么之后，便毅然回绝了："不用了，谢谢，这不适合我。"当时，我甚至没有钦佩她的独立，因为我被她代表的东西吓到了，那就是我的未来。

我回忆往事的时候，有时会觉得好几年"嗖"一声就过去了。但和露丝在一起的短短几个小时，在我的记忆中却显得格外漫长，而且每个细节都那么清晰。如果可以的话，我会不惜一切回到那一天。我会停下车，轻轻搀住她的胳膊，把她扶进我的车里，亲自开车把她送回家。我会诚挚地向她道谢，提出我当年不敢提的问题。但我没有这么做。我甚至再也没有给她打过电话。

这件事发生以后，我发誓再也不会允许自己这么做了。那不是真正的我！我一直是助人为乐的人，自愿为别人服务的人，在别人有需要的时候伸出援手的人。

我让露丝失望了，也让自己失望了。面对自己在这个世界上最害怕的东西时，我选择了逃避，我为此羞愧不已。无论我过去做得有多好，无论我帮助过多少人，都在这一刻功亏一篑了。尽管当时我还不知道，但那一天彻底改变了我。

我从来没有和任何人提起过这件事，因为我太惭愧了。那天我一个盲文字母也没学会，后来也没有再学过，尽管学盲文在我“完全失明前必须弄清、必须去做的事”里位列前茅。然而，我在那天学到了很多东西，它们将永远伴随着我。

◆ ◆ ◆ ◆

我最难以接受的事情，就是我现在需要别人的帮助，以后还会需要更多的帮助。无数人承担了这项任务——从搀扶我过马路的陌生人，到教我说出自己需要的残疾人权益倡导者；从我最好的朋友，能用手语和我交流的卡洛琳和艾伦，到反复讲同一个笑话，确保我能听清楚的彼得，再到竭尽所能帮助我、教会我自助、埋首相关研究的爸爸妈妈。他们都给予了我那么多，我要为此感恩，要像接受礼物一样接受他们的帮助，而不是一想到自己需要别人帮忙就沮丧不已。

当一位双目失明的朋友找不到面前桌上的咖啡时，我会很自然地牵起她的手，引向咖啡杯所在的地方。但卡洛琳用同样的方式帮助我的时候，我却得很努力才不会畏缩。我通常的反应是抽回自己的手，或者说“我能找到，谢谢”，为自己需要帮助感到尴尬。但我发现，人们想要帮助我。渴望帮助别人是人类的天性。我不但不该拒绝爱我的人提供的帮助，也不能这么做。我需要他们！我提醒自己，他们也需要我。虽然我身患残疾，但谁说只有残疾人才需要帮助呢？

23

我忐忑不安地走过监狱的走廊，鞋子踩在地板上的声音特别响。我胳膊下面夹着一只厚厚的文件夹，里面塞满了精心制作的宣传册。我已经被狱警搜查了一番，现在又被走廊两边的男犯人们用嘘声“夹道欢迎”。他们把戴着手铐的双手举到耳朵边上，摆出世界通用的“打电话”的手势，在我经过的时候大喊：“宝贝，给我打电话哟！我的房号是4712……”我满脸通红，赶忙低下头。但就在我变得又紧张又害臊，甚至有点儿受宠若惊之前，我听见他们对一位肩宽体壮、表情严肃的中年女警卫也说了同样的话。她一直跟在我身后。后来我才知道，他们对所有走近的女人都会这么做。

那时候，我是密歇根大学的大四学生，在上一门叫“监狱中的妇女”的高年级研讨课。除了做学术研究外，老师还要求我们以某种形式和犯人的配偶或家属打交道。有些人花了一学期为女犯人的孩子和家属筹备一场圣诞晚会，有些人选择了帮助犯人的孩子开展课后活动。我想做的则是直接和犯人打交道。我觉得，读关于她们的调查报告和研究成果，就像是通过二手资料去了解她们。如果我想真正弄清她们的处境，无论是在监狱里的，还是在街头上的，我都需要走近她们。

我知道，如果我只是坐下来和女犯人聊聊天，或者直说自己想了解她们，我是不会获准进入监狱的。因此，我在监狱里开了一门健康课，内容包括安全性行为、性传播疾病、犯人得到医疗救助的权利、心理健康支持和营养学知识。我每周去监狱上两天课。

我上课的地方是个大牢房，里面关着大约20名女囚犯，但我从来没有一次性见到所有人。牢房靠里的地方有个睡眠区，里面放着一些上下铺。那个地方一直很暗，我靠这个来判断方向。我可不想在监狱里乱转，看有没有犯人愿意来上课，那绝对不是个好主意。通常，监狱看守会先做个简短、枯燥的介绍，说一下我是什么人。然后，我就会在休息区坐下。那是个宽敞明亮的开放式空间，配有电视、两张桌子和一些零散的椅子。电视一直开着，所以我还得跟电视上的脱口秀主持人杰瑞·施普林格争夺听众。起初，大部分女犯人都对我的探访毫无兴趣。她们会满脸怀疑地上下打量我，提出很多问题。由于我给出的冠冕堂皇的回答没有什么吸引力，她们的目光很快就转回到杰瑞和他的嘉宾身上。我无法因此责怪她们。我特别为她们设计、打印的宣传册一直整整齐齐地摆在桌子中间，没有人愿意去碰。这些女人都不想和文件打交道，而且对来监狱里试图“帮助”她们的人都没什么好印象。

经过头几次探访，我开始意识到，她们唯一真正关注我的时候，就是我把注意力完全放在她们身上的时候。那时，我不是将她们视为统计数据或需要学习知识的学生，而是一群活生生的人，提出的也是关于她们生活和家庭的实实在在的问题。和我们大多数人一样，她们真正想要的就是被人倾听。因此，我放弃了说教，而是在一张围坐着好几个女人的桌子前坐下来，认真听她们说话。我会把每周的宣传册留在桌子上，让她们自己去看。

她们会讲述自己锒铛入狱前的生活，描述她们是怎么赚钱谋生的。很多人都靠卖淫或贩毒为生，或是做毒贩男友的牵线人。很多人都说到了她们是如何冒着生命危险，牺牲自己的自由，好让男友或丈夫逃脱牢狱之灾。监狱里有各个年龄段的女人，其中大部分有孩子，有些还有孙子。有些孩子已经进入了寄养家庭，有些是靠亲戚照顾。当她们谈论自己的孩子时，我可以听得出她们很自豪，但同时也很愧疚，很伤心。有些人会直视我的双眼，有些人则会挪开目光，然后告诉我，她们希望孩子能过上比自己更好的生活，但她们似乎对实现这个目标感到很无力。她们没有一个是头一次进监狱。

我突然意识到，童年和家庭对我们的影响有多么重要。这些女人的命运差不多都是打一出生就注定了的——青少年意外怀孕的产物，生在穷困潦倒的家庭，遭受家庭暴力，在危险的街区长大，或者以上四点都符合。她们的故事将我从自怨自艾的状态中唤醒了，也彻底改变了我的人生观。

是的，我将来会失明失聪，这确实很糟糕。但我生来如此，我这部分的命运已经注定了。我生在一个有爱心、慷慨、诙谐、美满的家庭。就像所有的家庭一样，我们家也存在一些问题，也不乏悲伤的故事，但一直那么温馨。和她们相比，我可以说自己已经很幸运了。

当我精心设计的课程结束时，有一点是很清楚的：这些女人对我想教的东西毫无兴趣，我原本猜想她们会对此感兴趣，真是太天真了。她们中的大多数人甚至不知道我是来上课的，但她们是那么想要倾诉，那么需要倾听，我从来不觉得自己是在浪费时间。事实上，我很喜欢这么做。

那个时候，我才清楚地意识到，倾听是上天赋予我的礼物，是我特别擅长做的事。讽刺的是，考虑到我要多费劲才能听清，这或许并不奇怪。或许正是因为特别费劲才能听清，才使得倾听对我来说如此重要。专心致志地倾听，真正与别人沟通，对我来说是很有必要的。这是我已经磨炼出来的技能。通过倾听，我找到了一种方法，既能帮助这些女人，也能帮助我自己。

我去监狱的时候抱着满腔希望，希望能教育犯人，影响她们的生活。但在离开的时候，我不确定自己对她们有没有切实的帮助，只知道她们对我产生了巨大而持久的影响。我意识到，这正是我想做的工作。我想听别人讲述自己的故事，最终帮助他们弄清如何战胜困难，如何改变自己的生活模式。不过，最重要的一点是，我想陪伴那些渴望诉说的人。

在那以后，我成了一家受虐妇女儿童庇护所的志愿者。这成了我一生中不变的主题：我越是外出帮助别人，就越不会想着自己的残疾、体重和其他缺陷，自我感觉也越好。

24

有时我不禁会想，生来就患有乌瑟尔综合征的概率有多小啊，几乎是微乎其微。所以，当命运（和我出色的妈妈）促成了一件看似不可能发生的妙事时，我觉得像是奇迹出现了。

妈妈从得知我患有乌瑟尔综合征的那一刻起，就竭尽所能寻找我亟须的帮助，并从各个方面帮助我做好准备，面对未来。她有着令人难以置信的力量。

我第一次确诊后，妈妈就开始为抗盲基金会做志愿者。最后，她索性辞去了原有的工作，担任抗盲基金会的西区执行董事，为获得研究资助而不知疲倦地四处奔走。但她很清楚，由于我的病太过罕见，研究者不大可能优先考虑。当时我们还不知道，在地球的另一端已经有人开始研究Ⅲ型乌瑟尔综合征的致病基因了，也不可能知道我们一家人最后会在其中扮演关键角色。

由于为抗盲基金会工作，妈妈有机会接触到很多国内最优秀的医生，他们都在进行最前沿的研究。抗盲基金会资助了加州大学伯克利分校眼科视光学院的研究，妈妈希望和这项研究的领军人物约翰·弗兰纳里博士见个面。2000年秋天，她如愿见到了刚从芬兰回国的弗兰纳里博士。后来我们得知，他去芬兰是因为赫尔辛基大学的一位眼科专家兼遗传学家邀请他合作研究Ⅲ型乌瑟尔综合征。几十年来，芬兰南部小镇上一直生活着一群Ⅲ型乌瑟尔综合征患者。芬兰政府出资让国内最顶尖的眼科和耳科专家对此进行研究，努力克隆和分析Ⅲ型乌瑟尔综合征的致病基因，找出基因蛋白质在传输时发生的变异，从而找出治疗方案。

得知我患上的罕见疾病已经有了针对性的研究，妈妈非常吃惊。更令人吃惊的是，这件事就发生在离我们不远的地方，因为弗兰纳里博士就在加州大学伯克利分校做研究。在此之前，医生一直告诉我们，没人知道Ⅲ型乌瑟尔综合征是由哪个基因决定的。弗兰纳里博士听到我被医生诊断为Ⅲ型乌瑟尔综合征时也非常吃惊。他承认，尽管芬兰科研团队迄今为止已经有了一些研究成果，但他们发现这个基因出奇地复杂，特别难以解读。

妈妈做事一向积极主动，她想知道我们一家人的DNA样本对研究是否有帮助，尽管我们是德裔犹太人，而不是芬兰人。我们的DNA能不能以某种方式帮助研究者“破译密码”？弗兰纳里博士帮妈妈联系上了芬兰科研团队的领头人——赫尔辛基大学的伊娃-玛利亚·桑吉拉博士。

桑吉拉博士很高兴能联系上美国患者家庭，非常欢迎我们参与研究。她马上把抽血工具寄给了我三代以内的直系亲属，包括爷爷奶奶、外公外婆、爸爸妈妈和我的兄弟。当时，我们一家人分散在美国各地，丹尼尔还在法国上学，但每个人都立刻把血样寄了过去，祈祷能对研究有所帮助。对妈妈来说，接下来是几个月的漫长等待。但对我来说，这件事似乎离自己很遥远，不大可能对我有所帮助。所以，我根本没把它放在心上，只想着先从大学毕业，再为下一步做打算。

几个月后，妈妈见到了桑吉拉博士，她向妈妈详细介绍了自己的工作。她解释说，他们克隆并分离了芬兰患者的变异基因，发现和我们提供的基因并不匹配。不过，她从我们一家人的DNA中发现，我的病是从奶奶和外公那里遗传来的。桑吉拉博士和她的团队已经破译了一部分基因，还在寻找其他可能的突变。她刚刚同一位以色列专家会面，对方提供了一些以色列德裔犹太人的DNA样本，希望有助于弄清德裔犹太人的变异基因。

2002年12月，我接到了妈妈打来的电话。我刚接起电话，她就哭了起来。我还没来得及为她担心，她就脱口而出："他们找到了！芬兰专家找到导致你生病的突变基因了！"

我马上从椅子上蹦了起来，难以置信地大喊："他们真的找到了？！"我震惊地呆站了一会儿，然后问她："这意味着什么？"对于这项跟自己密切相关的研究，妈妈懂得远比我多。当我忙于应对日常挑战的时候，她对我有着更宏伟的规划，在规划一些我还无法理解的东西。

“这意味着他们知道自己要做什么，可以开始寻找治疗方法了。”她解释说。我可以从她的声音里听出爱意和欢喜。妈妈为此投入了10年的光阴，竭尽所能寻找一切信息。她很清楚，所有治疗方法都取决于这一关键发现。现在，终于有人在寻找治疗方法的道路上迈出第一步了。这是实实在在的一步，至少让我们看见了一丝希望。这只是第一步，却是一大步。

“噢，妈妈！”我泣不成声，耳朵紧紧贴着听筒。她也哭了。这一刻，我觉得和她无比亲近。我是如此为她骄傲，为能有一个这么爱我的妈妈感到幸运。

“你以后能见到光明了！”她告诉我。

“你真的这么想？”我问。我花了那么多时间让自己不要抱太大希望，努力关注当下。但在此刻，我看到了希望，虽然只有一点点。她的回答是：“没错，我确定！”

她是对的。虽然还没有最终的治疗方案，但我们已经能看见地平线上的曙光了。我的生活中有无数艰难险阻，但我很多时候都能积极进取，正是因为我的生命里有像妈妈这样的人，一直在守候着我，让我对未来充满希望。

25

大学毕业后，我和丹尼尔一起搬到了圣莫尼卡，和朋友贾森住在同一间公寓里。丹凭借优异的成绩进入了法学院，像往常一样赶在了我前面。我则靠有限的听力在洛杉矶市中心的一家国际摄影机构当接线员，而且当得很糟糕。每天都有很多名字又长又复杂、我根本记不住的人打电话过来，说话的时候还带着浓重的口音。我会请他们再说一遍，但还是弄不清他们到底叫什么。因此，当我接通他们要找的人时，通常会发生下面这一幕：

我：切丽，《时尚》杂志西班牙版有个女人找你。

切丽：你有没有问她叫什么？

我说：有，我还问了两遍。

切丽：（叹气）好吧，给我接过来吧。

我：对不起，切丽，我下次会更努力的。

就像努力真会管用一样！

我真弄不懂他们为什么没有炒掉我。尽管我的资历是够了，但连我都不会录用自己。

人们打电话来是为自己的杂志要一些名人和模特的照片。在把照片发给他们之前，我们的编辑部门会先做些数字处理，抹掉模特身上的小瑕疵或身体缺陷，让那些原本就美艳的女人更加完美无瑕。尽管我早就知道杂志上的照片都是处理过的，但在此之前我从来没有见过修改的过程。我吃惊地发现，世界上最著名、最炫目的美女竟然有和其他人一样的缺陷，比如吓人的晒伤、难看的粉刺和多余的脂肪，但它们都可以被改成健康的肤色和完美的体形。明星也和我们一样！不过，知道这一点并不会让我安心。它们每天都在提醒我，任何不完美都是不可接受的，而我离完美还很远很远。我还在和饮食失调做斗争，对自己的体形也不满意。当然，我真正的缺陷——那些没法治好的病症，是我努力不去想的东西。

不过，在这家荒谬的"完美工厂"工作让我憋了一肚子火。我想反抗，想说"去你的"，然后狂吃我想吃的东西。但与此同时，我也想变得又苗条又完美。

我知道，答案就是离开那里，辞掉工作，搬出洛杉矶。所以，我工作的时候花了很多时间搜索研究生院的信息，每天都会花好几个小时在网上寻找自己感兴趣的工作。我早就知道，我想进入帮助别人的行业。我也想去海外的发展中国家工作，但由于身体有残疾，我知道这或许不是一个明智的决定。

与此同时，我还在继续做接线员。每天，我都试图早点儿溜号，好趁着天还亮的时候开车回家。我本不该在晚上开车，但有时不得不这么做，因为这是回家的唯一方法。我告诉自己，这么做没问题。但等我发现这么做其实很有问题的时候，已经晚了。

有一天晚上，我独自开车回家。当时天色已晚，我在威尔夏大道上往前开。我刚看见面前闪过一个身影，就听见了一声闷响。我的心跳都要停止了！我一边跳下车，一边打911。在看见靠在车前的男人时，我拼命忍着不吐出来。很多人都围了上来。他们都是突然出现在我眼前的，因为我的边缘视力已经很差了，在晚上尤其糟糕。这就是为什么我没有看见那个男人！这就是为什么我不应该在晚上开车!

有人弯下腰去扶那个男人，他也摇摇晃晃地站了起来。我哭得稀里哗啦的，语无伦次地向他道歉，但有个旁观者悄悄叫我不用担心，因为那个男人显然是喝醉了。他和他妻子目睹了整个过程，看见那个男人从两辆停着的车子之间跌跌撞撞地冲出来，刚好冲到了我前面。他们向我保证，这不是我的错。但我知道不是这样的。我没有看见他，是因为我有个巨大的盲点。如果我的车开得再快一点儿，他肯定活不下来。他可能没喝醉，可能是个孩子，可能是任何人，不管是谁我都不可能及时刹车。我看不清前面，所以没法提前做准备。尽管急救人员向我保证，那个男人基本没受伤，而且喝得酩酊大醉，但在未来的几个月里，这起事故还是一次又一次在我脑海里重演。每当想到它，我都会觉得喘不过气来。因为我知道，后果本可能更糟糕。

◆ ◆ ◆ ◆

我常常会觉得自己的听力或视力在急剧衰退，通常不是听力就是视力。但这一回，我接电话的时候听不清对方说话，晚上开车又出了事故，我发现自己的听力和视力都不行了。这促使我加快了速度，加倍努力去做自己真正想做的事，免得我做不了的事情越来越多，那个时候就晚了。我知道很多人大学毕业后会四处游荡，毫无目标地活着，做着无聊的工作，觉得自己还有很多时间，可以慢慢弄清自己想要什么。我可不想成为这种人！我很清楚，我没有时间了。我一直能听见时钟在嘀嗒作响。

我从不接受自怨自艾，也不喜欢无所事事，只想去改善自己或其他人的生活。我感兴趣的工作都要求社会工作或公共健康专业的硕士学位，所以我开始准备研究生入学考试，向研究生院提交申请。我把目光投向了哥伦比亚大学，希望纽约能给我一个机会，让我获得渴望已久的独立，开始一段全新的生活。复习指南上的字特别小，所以我只好眯起眼睛，把目光聚焦到一点。直到双眼跳得特别厉害了，我才会不情愿地休息一下。我知道，我得做些事，给接下来的几个月增加点儿乐趣，而不是拼命学习，继续干自己不擅长的无聊工作，然后消极等待学校的回音。于是，我开始为“为爱而骑”（AIDS/LifeCycle ride）做准备。那是一次为期一周的公益活动，参加者要从旧金山一路骑到洛杉矶，全程大约600英里。我知道，自己需要接受一次身体上的挑战，这会让我觉得既自豪又强壮，像其他人一样充满力量。我也希望，这能帮助我征服心底的怪兽，摆脱对食物无止境的渴求。我一直在参加匿名暴食者聚会，也知道谈论自己的感受很重要，但我真正想要的其实是做点儿事情，振奋精神，找回自我。

我终于觉得生活步入正轨了。我知道自己正在努力朝着职业生涯前进，同时在拼命锻炼身体，准备做一件能帮到别人的事。我渐渐觉得日子没那么难熬了。我买了一辆自行车，还有6个月的时间训练和筹集资金。我已经迫不及待了！唯一能给我的热情浇冷水的事，就是我过去骑自行车从来没有超过几英里。我在自行车上花的绝大部分时间，都是和朋友在离家不远的地方打转。当小伙伴纷纷骑行如飞的时候，我的后车轱辘上还带着两只训练轮。不过，自行车总归是自行车，我觉得自己大概没问题的。

我加入了一个训练团队，和他们一起骑车进山。起初，那是一场彻彻底底的折磨。但我全身心投入，大腿的疼痛让我把其他念头统统抛开了。每天晚上，我脑袋一沾枕头就能睡着。每天早上起床的时候，我都觉得像刚刚跨下马背似的，双腿要分得很开才能走路，腰部以下的每块肌肉都在疼。我确信，自己肯定熬不过接下来的一天。但我很快就爱上了这种刺激而美妙的疼痛感，就像得了斯德哥尔摩综合征[①]一样，因为它让我挑战了身体的极限。

① 斯德哥尔摩综合征，又称受害者综合征，指受害人对加害人产生好感、依赖，甚至协助加害人。

这是我和我的自行车共度的旅程。我知道，就像在天湖夏令营的时候一样，我能够战胜痛苦。让一个视力和听力都不大好的女孩骑车穿越崎岖不平的山地，这是不是很危险？或许吧。但我从中获得了无穷的乐趣，所以这么做还是很值得的。我不能因为看不见或听不到，就被有点儿难办的事吓倒（好吧，或许这件事的难度不只是“有点儿”）。现在已经是我眼睛最好的时候了，因为有朝一日我会连自行车都骑不了。我现在就要做这件事！我觉得，从很多方面来看，是那场意外让我变得勇敢了。我下坠的速度非常快，但我很快就重新站起来了。它培养了我的耐力和决心，使我在后来一直能占得先机。

训练3个月后，我的第一志愿哥伦比亚大学录取了我，其他几所学校也向我伸来了橄榄枝。加州大学洛杉矶分校给我免除了学费，很多人都鼓励我选择这所学校，因为这样离家很近，还不用背负助学贷款的压力。不过，我回想起了那次事故，想起了车子撞上那个男人时发出的可怕声响。我知道，自己没办法留在洛杉矶。波利鼓励我勇敢迈出家门，选择哥伦比亚大学。她知道我渴望独立，我觉得在洛杉矶会被自己的残疾束缚。但想到自己要背负一大笔债务，要去离家很远的地方生活，我有点儿动摇了。不过波利很懂我，知道这才是最适合我的。她知道我想要自由，想去别的地方冒险。她给了我勇气，促使我做出了正确的选择。离开丹尼尔和家人让我伤心欲绝，但开拓新天地则让我兴奋不已。我的人生道路上有过那么多艰难险阻，我知道在前进的道路上还会面临更多的挑战，但我觉得已经找到了一条最适合自己的道路。当时我只有24岁，但我知道，自己没有时间可以浪费。

当时，我为“真正的人生”终于要开始了而兴奋不已。因此，我把全部精力都投入了自行车训练，感觉比以往任何时候都更有动力。活动开始前2周，我就开心地辞掉了工作。跟上千名车友一起抵达起点的时候，我感到前所未有的兴奋，迫不及待想开始这段旅程。

开始骑起来以后，我觉得既紧张又兴奋，但相信自己能应付得了。最终，这成了我一生中最具挑战性的7天。之前，我们的训练团队一起骑过20英里、40英里，最长的一次骑过55英里。在骑行的第一天，也是最长的一天，我们把原来的纪录翻了倍，一共骑了110英里，而且是在崎岖的山路上。还好接下来每隔30英里都有为车友准备的休息站，每个都有自己特殊的主题。有一个休息站是水疗主题的，里面的志愿者都身披浴衣，头缠毛巾，敷着面膜，趿拉着温泉拖鞋。还有一个休息站，我们得骑车冲下陡峭的山坡，直到撞上写着“太阳马戏团”的大牌子，然后被一群打扮成小丑和马戏艺人的志愿者团团围住。在骑了这么长的路以后，没有什么能比看滑稽戏、吃垃圾食品、涂“屁股黄油”更让人放松的了。每个休息站都有一张“医护桌”，车手可以从这里得到各类急救护理。每张桌子上都放着一沓纸巾，还有一大瓶油膏。它的真名是麂皮黄油，但在自行车圈子里，我们都叫它“屁股黄油”。只要一有机会，我们就拼命拿它往身上涂。这不仅是因为它能迅速缓解臀部的疼痛，还因为它能制造一种强烈的喜剧效果。想想看，你要站在光天化日之下，在毫无隐私可言的时候，把骑行短裤拉到腰间，将奶油状的油膏抹到双腿之间，然后把手尽可能往后伸，把它均匀地涂在自己的屁股上。

我们先是面面相觑，然后会被每个人滑稽的模样逗得大笑不止。不过，没有人会在意的，因为涂上“屁股黄油”后感觉太美妙、太舒服了。我们都拼着命往前骑，呼吁人们跟夺去了那么多宝贵生命的艾滋病做斗争。在我们看来，能站在那里开怀大笑是一件非常美妙的事。

每天晚上，我们都会骑进营地，在那里冲澡、搭帐篷和睡觉。营地里通常会举办某种形式的娱乐活动或才艺展示，但晚饭后我唯一能想到的事就是回到帐篷，倒头就睡。和我同住一间帐篷的是个名叫蒂芙尼的车手，她比我大一点儿，但也只有26岁。她是艾滋病病毒感染儿童的临时家长，工作就是帮这些孩子寻找合适的永久寄养家庭。我和蒂芙尼从一开始就搭了伴，但我很快就发现，自己的车技和她相比简直不值一提。我很幸运，因为她总是很早就能抵达露营地，等我晚上姗姗来迟的时候，帐篷通常早就搭好了。我很想多问一些关于她的事，但我们俩晚上都睡得很香，差不多是一爬进睡袋就睡着了。

骑行途中，HIV阳性的车手都会在车上插一面荧光橙色的小旗，以便医务人员特别关注。他们是如此鼓舞人心。每当插着小旗的车子超过我的时候，我都觉得自己或许有点儿理解他们的感受了。用身体做自己想做的事，勇敢挑战自身极限，这本身就是一种胜利。知道自己存在局限，却想冲破局限，这是一种伟大的精神。

有时候，我们会沿着太平洋海岸高速公路往前骑，身边是滚滚车流，一不小心就有致命的危险。当时我的视力比现在好一些，还能看见车子从一边出现，从另一边消失。因此，我集中精力盯着正前方，嘴里默念呼吸口诀。过去我根本不知道还有这种口诀。吸进平和（用鼻子吸气），呼出恐惧（用嘴巴呼气）。吸进平和，呼出恐惧。在我最需要它的时候，这个口诀突然蹦了出来。我一边默念口诀，一边加速，先是时速30英里，后来达到了60英里。骑车的时候，我几乎进入了冥想状态。到今天，这个口诀还一直陪伴着我。当压力特别大的时候，我就会默念：吸进平和，呼出恐惧。这一招对我很管用。

途中，我们遇到了一座特别陡的小山，大多数人都不得不下车步行，但我下定决心不下车。我慢慢朝山上骑去，尽可能吸进平和，呼出恐惧。我腿上的每块肌肉都火烧火燎的。但过了一会儿，呼吸口诀就不管用了。我开始骂脏话，诅咒眼前的一切，说不知道自己为什么会觉得参加这次活动是个好主意，同时拼命踩脚踏板，让车子以龟速前进。就在我觉得自己肯定办不到了，正打算要下车步行的时候，我看见了一个男人。他穿着很朴素的衣服，而不是典型的骑行装（我一直希望专业装备能提升自己的骑行技巧），慢慢骑到了我身边。我们都喘着粗气，相互点头致意。但就在他骑过我身边的那一刹那，我看见他的车后面竖着一根又细又长的塑料杆子，上头有一面迎风飘扬的橙色小旗。旗杆底部贴着一张小纸片，写着“HIV阳性”。在他的脸上，我没有看到厌恶或沮丧，只看见了疲惫和骑到山顶的决心。因此，我拼命挤出了一个笑容，但看起来可能更像个疯狂的鬼脸，然后拼命赶了上去。

我很快意识到，自己可能已经很接近山顶了，因为我能听到不远处人们的欢呼声。我用尽了全身力气，终于骑到了山顶。山顶上有很多围观的群众，他们都在欢呼呐喊，为我们加油鼓劲。我终于走下了自行车，兴奋得不能自已。我的双腿沉得像灌了铅一样，软得差点儿站不住。我喝了一大口瓶子里的水，欣赏山下美妙的风景，感到无比自豪。我很高兴自己能站在这里。然后，我转过身去，开始为即将抵达的车手欢呼呐喊。他们同样精疲力竭，但个个兴奋不已。能看到那么多笑嘻嘻的面孔和橙色的旗帜，简直是令人难以置信。这甚至比山下壮丽的景色更让我陶醉。

在连续6天半，每天骑行12个小时之后，我终于抵达了终点。爸爸和我最好的两个朋友丽莎和金，都在那里等着我，为我欢呼。我觉得自己胜利了，为此感到无比自豪。我简直不敢相信，自己竟然能独自完成这项壮举。不过，看着周围那一张张涨得通红、洋溢幸福的面孔，我想，我并不是真正“独自”完成的。这让我觉得自己独立了，浑身充满了力量，也准备好了面对下一个重大挑战——纽约。

26

我在8月中旬抵达纽约时，感觉就像是从头到脚被人泼了盆凉水一样。前一年冬天，我来拜访哥伦比亚大学的社会工作学院，立刻就被这座城市吸引住了。我是从加州南部飞过来的，那里的艳阳天令人昏昏欲睡，而我第一次来到曼哈顿的时候，正赶上下雪，我很高兴能在这里重新感受真正的冬天。我在上城区、下城区、中央公园、洛克菲勒中心和西村都留下了足迹。我像此前无数人一样爱上了这里，开始构思自己梦想中的纽约，想象这里会彻底改变我的生活，成为我的新家。

8月的纽约一点儿也不像我初次造访时那么美妙。夏天来过曼哈顿的人都知道，夹杂着香水味儿的热浪扑面而来是什么感觉。炽热刺眼的阳光反射在建筑和车辆上，地铁站里闷热的空气更是令人窒息。汗流浃背的人们挤满了站台，努力在上班途中保持清爽，但下班回家的时候就索性放弃了，像枯萎的花朵一样垂头丧气。到了周末，人们会像鸟儿一般四散开来，逃离城市，只剩下那些没钱没闲的不幸的家伙。

但在我看来，最糟糕的一点是垃圾散发的恶臭。小饭馆或公寓门口的路边都堆满了垃圾，腐烂的气味在闷热的空气里弥漫开来，让我的鼻子苦不堪言。我的鼻子就像怀孕妇女和小猪一样敏感，拼命工作来弥补其他感官的不足。大多数人闻不到的气味，我都能闻得清清楚楚。我刚搬到纽约的时候，出门常常要戴口罩，避开令人作呕的气味。我发现自己很想念加州温暖的夏天和清新的空气。但我很清楚，我渴望（也需要）成为纽约人。

我也希望，搬到纽约能缓解没法再做某些事给我带来的痛苦。在纽约，我能去任何自己想去的地方，因为每个地铁站都有指示牌，提醒人们要怎么换车。我去布朗克斯和布鲁克林做了几次事先没做规划的旅行，虽然每次都晕头转向，但至少我是靠自己做到的。

就这样，我满身大汗地来到了纽约，努力不被这个陌生的城市弄得臭气熏天，希望自己做好了迈向世界的准备。我终于进入哥伦比亚大学了！失明和失聪算什么，我一定会成功的！我计划攻读社会工作和公共健康双硕士。第一次去残疾人服务办公室的时候，我大步流星地走了进去，深信辅导员会给我大力支持。但我想错了！

办公桌前坐着一个没精打采的女人。当我问她怎么把课本上的字放大时，她只是朝复印机努了努嘴。当我提到需要找个人帮我做笔记，好让我跟上老师的节奏时，她给我的答复是，你自己上课的时候问问呗，看有谁感兴趣。我最不想要的，就是在开学第一周，在我还没有交到新朋友的时候，就吸引别人的关注，就让人注意到我的残疾。我可不想在开学第一天就变成那个“即将失明失聪的女孩”。但没有人愿意帮我，我只能强忍泪水。

我之所以要搬到纽约，是因为我渴望彻底的独立，想一切都靠自己。好吧，我现在梦想成真了！这里没有乔尼，没有人给教授打电话，让他们必须帮助我。没有人会帮我做这些事，就像那次意外发生后，没有人能帮我迈出第一步一样。我必须自己捍卫自己的权益。但现在，我可以捍卫自己的权益，却无法改变那个女人脸上漠然的表情，无法改变她不愿意帮助我的事实，也无法给我找到一个愿意帮我做笔记的人。我发誓，只要有机会，我一定要改变这个腐朽的体系。于是，我整理好课本，大步走向了复印机。

27

当我的生活步入正轨时，丹尼尔却迷失了方向。起初，迹象并不明显。我离开加州的时候，他还很开心，也很健康，起码看上去是那样的。他是法学院的尖子生，从来不像其他学生那么焦虑，经常会出去找乐子。我从来没有见过丹尼尔失败的样子。只要是他想做的事，他都会做到极致。尽管我们的关系一直很密切，但他似乎并不需要我。他一点儿都不黏人。

所以，当他开始频繁打电话过来的时候，我就觉得有点儿不对头了。如果我没有马上回电，他还会一次又一次地留言。他的语速也变快了，似乎是想尽快把话全说出来。他总是车轱辘话来回说，听起来更像是胡言乱语。随着丹尼尔说的话变得越来越难懂，我开始还觉得是自己的耳朵出了问题，但没过多久，我就发现了不好的迹象。

起初，他身上发生的变化并不明显，但随着时间的推移，那些小问题变得越来越突出了。我家有精神病史，我看见爸爸犯过好几次病，也上过关于精神病症状和疗法的课。丹尼尔不停地说自己在法学院过得不开心，想要做一些更重要的事。他虽然是著名法学院的荣誉毕业生，却一直没有参加律师资格考试。

后来，他打来的电话越来越多，还提到了一些奇怪的事。比如，虽然音响是关着的，他却听见喇叭里传出了音乐声。有一天晚上，他对我说："我可以让自己飘起来！"他是一本正经地告诉我这个消息的。我们知道他爆发过一次，但即便是这样，我们也没想到情况会变得这么糟糕。我和爸爸妈妈都鼓励他寻求帮助。我们也做了很多研究，想弄清到底出了什么事。

几个月后，为了参加共同好友的婚礼，我和他在洛杉矶见了一面。我在机场见到他的时候，一眼就看出了他的变化。当我拥抱他的时候，他身上的味道闻起来也不一样了。他变得非常尖酸刻薄，这是以前从来没有过的。我提心吊胆地上了他的车。他还是我熟悉的丹尼尔，但有些地方很不对头。我说的不仅仅是他的味道，还有他比以往尖锐的眼神，极度夸张的嗓音和手势，对自己所说的一切深信不疑的架势。

过了一会儿，他开始用双脚控制方向盘，好把双手腾出来，用夸张的手势强调自己的观点。当时，车上只有我们两个人。如果换我开车，我会觉得安全一些，但我不敢叫他让位，怕惹得他恼羞成怒。因此，我只能慢慢哄着他把手搁到方向盘上，不管他说什么都点头称是，然后试着让他改换话题。

过了几个月，我再次回家探亲，他又说服我坐上了他开的车。这一次，我觉得不那么害怕了，因为车上还有别人。不过我也知道，他经常一个人开车出门。这回，他看见了红灯也不刹车，坚持说这并不重要。他说，我们不会受伤的，因为我和他都受到了上天的眷顾。他向我保证，没有人会撞到我们的，因为他们没有这个能力。

后来，我们终于停在了一家汉堡店门口，进去吃午饭。下车的时候，我的双腿一直在打战。我想不通自己是哪条神经搭错了，怎么会同意坐他开的车。我也想不通，为什么没有人及时制止他。丹尼尔在餐厅里刚坐下来，就和邻桌的陌生女人搭上了话。他很激动地问她，能不能尝一尝她的薯条。那个女人并没有拂袖而去，而是一脸同情地让他坐了过去。这也从一个侧面证明了丹尼尔的非凡魅力。有时候，他也会和无家可归的流浪汉坐在一起，对他们絮絮叨叨说个没完。他坚持说，他能搞得定。他理解他们现在的处境，他们也理解他所处的位置。当然，我也和他处于同一个位置。他似乎比以往任何时候都需要我，想和我在一起。在他看来，双胞胎有着非凡的意义，我们超凡脱俗，近乎神明，只要在一起就所向披靡。尽管丹尼尔这个样子令人心碎，但我仔细想想他说的话还是觉得好笑。我们真是一对所向披靡的兄妹神祇啊，一个半聋半盲的妹妹加上一个半疯半癫的哥哥。

我很快意识到，丹尼尔的病和我一样是身体上的。现在我们知道，精神疾病可以是家族遗传的，也可以是由基因决定的。有一项全新研究针对的就是导致各类精神疾病（如精神分裂、躁郁症、自闭症、抑郁症、多动症）的异常基因。我爸爸也有精神方面的问题，虽说没有丹尼尔那么严重。不过，在药物的帮助下，他还是过上了充实丰富的生活。

我知道丹尼尔去看过医生，也试过他们开的药，但他一直没有坚持服药。现在我知道，要了解一个人全部的经历是很难的，因为人们可能只和你分享一部分经历，或是只谈自己觉得有问题的部分。丹尼尔的大部分症状看起来都像躁郁症，因为他在两次癫狂发作之间会陷入极度抑郁，但治躁郁症的药会让我哥哥机智的头脑变迟钝，还会让他的脸和身体迅速变胖。多年来，有很多人告诉过我，我哥哥是他们见过的最英俊的男生。我敢肯定，好几个朋友假装对我有兴趣，其实都是为了接近他。他已经失去了很多东西，所以再要他放弃英俊的外表并不是件容易的事，即使他要为此付出很高的代价。他病入膏肓的标志之一就是咬定自己没病，而这也让他用药非常谨慎。

到了本该返回纽约的时候，我一点儿也不想离开哥哥。我毫无理由地认定，如果有我在身边，他会更安心。看见丹尼尔变成这个样子，我比过去任何时候都害怕。我向上天祈祷，希望下一次看见他的时候，他能好起来。

28

我小时候很想当兽医。那个时候，我还不知道这项工作不仅仅是陪小狗玩和抚摸它们。丹尼尔想当职业篮球运动员。彼得想当新闻发言人，这让我觉得很搞笑。有哪个小孩会想当新闻发言人啊？但他现在已经是全国广播公司的新闻通讯员了。他看上去也很适合做这份工作——坚毅有力的下巴，一丝不乱的头发，迷人的蓝眼睛，温柔而有磁性的嗓音。我真希望大家能看见我弟弟风趣搞笑的另一面。

我小时候的第二志愿是当演员。当我还是哥伦比亚大学大一新生的时候，听说舞台剧《阴道独白》（*The Vagina Monologues*）正在进行演员海选，就打算去试一试。我决定不告诉他们我有残疾，希望完全凭能力得到演出机会。我也担心，万一他们知道了，可能就不会录用我了。所以，我对此闭口不提。当他们打电话通知我成功入选的时候，我简直高兴坏了。

进入哥伦比亚大学后的第一周，我就去了健康中心，因为我知道那里有个饮食失调者分享会。我参加了一个高强度的矫正项目，每周要去那儿3个晚上。它对我帮助很大，帮我接纳了自己的形象。但得到演出机会后，我每天晚上都要排练，也就意味着无法参加矫正项目了。我经过反复权衡，尽管团队成员都极力挽留，我还是选择了演出。那个项目对我很有帮助，但我不希望饮食失调阻碍我去做真正渴望的事。很快，我就发现，我的选择是正确的。

得到演出机会后，我告诉导演达纳我有残疾，但她毫不介意。我担心自己没法在黑暗中换场，但她做了一些协调，每次我出场的时候，都会有人领着我上下台。后来，她问我愿不愿意念开场白，我开心地接受了。

我演过很多不同的角色，其中最喜欢的是一个小姑娘，她在教室里向老师展示自己对阴道的了解。我演这个角色只是为了博人一笑，而我特别喜欢听见观众的笑声。尽管我不擅长跳交谊舞，但演出来的效果却很不错。演出结束后，我和一群伟大的女性一同登台向观众致意。虽然明亮的灯光晃得我看不清东西，但我能听见观众雷鸣般的掌声。我感到非常骄傲，觉得自己特别能干。我从未想过自己能做到这样的事。它大大提升了我的自信，程度超出我的想象。

29

我在纽约城里可没法骑自行车。光是上街转转，我就可能给自己（或者其他人）造成极大的危险。眼科医生建议我跑步时找个陪跑的，让他在前面用绳子拉着我。他建议我即使去中央公园散步也该这么做，这样才能保证安全。有个名为“阿基里斯国际”的团体致力于组织盲人慢跑，还提供视力健全的陪跑者和牵绳引领者。我觉得它的存在很有意义，但我更喜欢成为领跑者，而不是被别人领着跑。不过，为了消除压力，强身健体，我很想做些什么。因此，我决定做一件所有纽约人都在做的事——办张健身卡，花上一大笔钱，看一群身材完美的家伙在自己身边挥汗如雨。

第一堂动感单车课上，我在跨上车座的瞬间就爱上了这项运动。它不会弄疼我的双腿或后背，却能让我筋疲力尽，大汗淋漓，但又觉得活力十足，充满干劲。当我拼命踩单车的时候，身上不对劲的地方全消失了。虽然我听不清教练说的话，因为它们都被音乐声淹没了，也看不清东西，因为我在暗处视力很糟，而且汗水总是流进眼睛里，但这些都没关系。我不需要听清，也不需要看清，我只是爱上了拼命蹬脚踏板，让车轮转得飞快的感觉。我骑的是一辆原地打转的单车，这就意味着我不用担心撞到任何人，也不用担心撞上任何东西。我可以充分调动意外坠落后花了好几年才恢复过来的肌肉，磨炼耐力，提升体力。我可以像其他人一样挑战身体的极限，因为没有什么东西能阻挡我。多亏身体够结实，我才找回了活着的感觉。

我们总担心自己不够完美，对自己尤为苛刻。就连我视力这么糟的人，都能看出很多人照镜子的时间和花在健身上的时间差不多。我自己也是这样，没比其他女生好到哪里去。当因为屁股太肥穿不进牛仔裤，或是吃掉整整一品脱（约0.568升）薄荷冰激凌的时候，我都会对自己非常失望。我的视力虽然糟糕，但当身材完美的女人曼妙地从我面前走过时，我还是会看得目不转睛，同时情不自禁地想，为了达到这个效果，她做了多少我没做到的事啊。但那次意外坠落和我的残疾一样，让我意识到了自己身体里蕴含的力量，也意识到了这种力量是多么宝贵。当我发现一件自己爱做，也能和别人一样做好的事时，我会感到特别自由自在。这个时候，我不会因为自己做不到的事而被人孤立或备受关注，而是会成为群体中的一员，和其他人一样平等。

我想一边读研一边做兼职，所以教动感单车课就成了我的最佳选择。这样，我就能在健身房免费健身，能放自己喜欢的音乐，还能靠做自己喜欢做的事得到报酬。这也是一种表演，而表演也是我一直爱做的事。我能鼓舞其他人，让他们振奋精神，挑战自我。这就像是我办的一场派对！我很高兴能看到班上的人时刻充满活力。我最开始在“纽约运动俱乐部”和“纽约健康壁球俱乐部”当教练，后来又去过“昼夜平分”“洛杉矶运动俱乐部”“灵魂骑行”和“汉普顿区域”。即使学校的功课很忙，我每周也会抽15 ~ 20个小时教课。我变成了一台吃饭、睡觉、学习和骑单车的机器。虽然累得要命，但我很享受这个过程。

这么多年来，我一直很惊讶自己竟然能在昏暗的动感单车教室里自由穿行，因为我在那里面什么也看不见，走路完全是靠记忆的。我在生活中变得越来越驾轻就熟。我会数台阶，记住熟悉的地方，甚至记住自己需要的东西摆在杂货店或药店的什么地方。这样一来，我就不用花好几个小时漫无目的地乱转了。我在课上跳舞的时候，本能地知道哪里有空着的地方，免得让自己绊倒。我对这些年去过的动感单车教室都了如指掌，就算瞎了也能在里面找到路。幸运的是，我暂时还不用这么做。

当然，教动感单车课也是很有挑战性的。对视力不好、听力又差的人来说，动感单车教室或许是最糟糕的地方。那里面又暗又吵，而且是非常非常吵。如果我的助听器没电了（这种事时常发生，众所周知，助听器的电池很烂），我就得从单车上跳下来，问班上有没有人能帮我在包里找一下备用电池。到目前为止，这是我上课的时候最累人的地方。

随着时间的推移，教动感单车对我来说变得越来越难了，但我从中得到的乐趣仍然远远超过困难。上课的时候，我只是瑞贝卡，一位自信满满、爱在课上跳舞、能鼓舞每个人的教练。我想帮助大家了解我的体会——人的身体蕴含的潜力，比我们想象中多得多。大多数情况下，是恐惧阻碍了我们前进，而我们退缩的时候都没有意识这一点。我是从自己的经历中悟出这个道理的。我别无选择。不这么做，我就无法重新站起来，重新学会走路。不这么做，我就会故步自封，与世隔绝，因为我既听不清也看不清。我的学生没有必要知道我的残疾，就像他们没有必要知道我毕业于哥伦比亚大学，是个心理治疗师一样。他们只需要我的支持、督促和鼓励。我只想帮助别人，做自己喜欢做的事。

◆ ◆ ◆ ◆

现在，情况不同了。我的心理治疗工作越来越多，这当然是件很棒的事，但这不是我每周只教几节课的唯一原因。我知道自己的感官没有过去那么敏锐了。当有人需要帮助的时候，我总是听不清她提的问题，也看不见她在挥手。在我能对自己的视力障碍开诚布公之前，我会推说没戴眼镜，如果有人举了手我没看见的话，她可以直接过来找我。

课后，大家免不了要围上来提问。他们粗重的呼吸声在教室里回荡，我必须全神贯注地倾听，才能听懂他们提的问题。我不希望因为没有关注某个人的提问，就让他觉得我很无礼。爸爸妈妈从小就教我为人处世要讲礼貌，我的职业也是回应别人说的话。但我知道，我肯定会遗漏掉某些东西，冒犯到某些人，让他们伤心难过。

不久之前，我终于能在课上坦然地谈起自己的残疾了。这么多年来，我在课上结识了不少朋友，他们都愿意在提问时提高音量，在有人需要帮助时帮我指明方向。现在，尽管教课让我筋疲力尽，但我还是喜欢这么做。尽管我不能像以前一样投身于动感单车教学了，但我还没有彻底放弃。

30

读研的最后一个冬天，我第一次在“犹太人相亲网”上看到艾伦的资料。我还记得，当时自己的想法是，我要嫁给这个男人。他的个人资料写得很幽默，充满了智慧。他比我大8岁，又机智又风趣。尽管他不是我最喜欢的那种肌肉猛男，但他拥有迷人的笑容和成熟男人的风度，让我一见倾心。虽说我的经历让我比同龄人成熟一些，但我有些时候做事并不是那么成熟。我上大学的时候和很多男生约会过，但没有一个是认真的。我现在意识到，自己总是无法放下心防，敞开心扉。不过我猜，就算我这么做了，那些男生也未必会。有时我会想，现在的我或许是很独立，但有朝一日我会需要别人的帮助，很多很多的帮助，那时这个男人还会愿意和我在一起吗？有谁会想和一个又聋又盲的女人在一起？

状态好的时候，我知道这不是真的，我应该信任他们。但我也得承认，我不想和他们走得太近还有其他方面的原因。我年轻貌美的时间还有多少？我的残疾还能掩盖多久？我装出来的“阳光女孩”的表象还能维持多久？我聊天时不用请人“再说一遍”，说话风趣幽默的日子还剩多少？我现在要付出比以往更多的努力，只为装得像个正常人！我已经快受不了了！因此，第一次和艾伦约会的时候，我就做了件让自己大吃一惊的事。

情况一开始就不妙。他在我公寓楼下等我，和我一起走去餐馆。街头的噪声导致我基本上听不见他说的话。显然，他在说某件搞笑的事。他说到一半，突然转过头来，对我说：“你简直是在折磨我啊！我把我知道的笑话全说完了，你竟然都没笑。”

接着，他说了句：“你是聋了吗？”我没有回答，只是笑了笑。当我们走到餐馆门口，准备穿过旋转门的时候，我竟然直直地朝着玻璃门撞了上去。他大概觉得我是嗑药了或者压根儿就是疯了吧，但他还是忍着没有离开。最悲惨的是，他叉了一块吃的举到面前给我尝，我却置若罔闻。

艾伦是个犹太人，而且和大多数犹太人一样，家中衣食无忧，爱意满满，家人关系亲密，乐于分享。他和我分享食物，我却像是爱答不理，拒绝吃他咬过的东西，这是他无法忍受的。于是，我只好在第一次约会时就把自己的故事和盘托出。这是我头一次这么做。

我的残疾并没有把他吓跑。他告诉我，他年轻的时候很害怕残疾人，因为他的家人在看到盲人或坐在轮椅上的人时会转过头去。他们像很多人一样，不但不理解残疾人，还会觉得难堪或尴尬。我想，有些人可能只是不懂怎么面对残疾人吧。他们不知是该带上同情的微笑，还是该装作没看见。这会让他们想到“人终有一死”吗？人们害怕看见我们这种人的原因有很多，我努力不让自己为此伤心。这是他们的问题，不是我的问题。

但艾伦坦然接受了这件事。当天晚上，他就在网上搜索了乌瑟尔综合征的相关信息，变成了一名如饥似渴的学生。很快，他对这种病症的了解就比我还多了，而且一直如此。我们从2月开始约会，很快就开始谈婚论嫁了。尽管我还没有彻底放下心防，但到5月的时候，我们已经互相说出“我爱你”了。这回我是认真的，我爱上他了。

31

同年5月，我从哥伦比亚大学毕业，获得了社会工作与公共健康双硕士学位。整个暑假，我都在哥伦比亚大学的残疾人服务办公室工作。我在校的3年里，他们的工作方式大有改进。我坚持不懈地敦促他们满足学生的需求，现在的工作人员也都非常称职。除此之外，教授们也学会了更好地适应学生的需要，所有的必修课都安排在了便于轮椅进出的楼里。我为能把学校变成更美好的地方，为能给其他残疾学生提供便利而骄傲。我和艾伦在一起很幸福，我们会去汉普顿度周末。我生活中的一切似乎都步入了正轨。

6月底的一个早上，艾伦刮胡子的时候突然发现脖子上有个硬块。吃了一周的抗生素后，肿块还在那儿。那个高尔夫球大小的硬块就是不肯消失。他去看了耳鼻喉专家，做了个活体组织穿刺检查。结果显示，艾伦可能患有霍奇金淋巴瘤。专家马上给他安排了一次外科切片检查。

艾伦的爸爸妈妈马上从佛罗里达州飞过来陪他。手术前一天晚上，我们一起吃了晚饭。那是我第一次见到他们。我特别紧张，努力试着跟上他们聊天的节奏。我眼睛转得飞快，耳朵竖得高高的，希望他们能喜欢我，能觉得我既聪明又风趣，知道我有多爱他们的儿子。当然，他们只顾担心艾伦的手术了，可能根本没注意到我费了多大的劲。

艾伦的手术结束后，我本该休个年假，去探望我妈妈的家人。艾伦也鼓励我休假，叫我不用担心。一周后，他从夏威夷打电话给我，告诉我他得的不是霍奇金淋巴瘤，而是伯基特淋巴瘤，一种非常罕见也非常危险的病。拿到诊断结果后，他没有告诉任何人，而是先去做了骨髓穿刺、心电图和电脑断层扫描，得知自己还处于癌症早期。我多希望这个时候自己能陪在他身边啊！我非常清楚，拿到令人震惊的诊断结果时孤零零一个人是什么感觉。

艾伦马上就做了他会做的事。我的意思是，他有很强的控制欲，还是科学和医学爱好者，所以他当即采取了行动，不但拜访了好几位医生，还自己做了一大堆研究。他找到了最好的专家，研究了不同的疗法，还计算了治愈的概率。最后，他决定接受治疗，去威尔康奈尔医学中心接受9个月的高强度化疗。

头几次化疗需要住院，于是，我赶在他入院前把病房装饰了一番。我记得自己有多讨厌医院，希望他不要有同样的感觉。我决定把病房装饰成餐厅的样子。我在门上挂了一块写着“化疗餐馆”的牌子，做了男女厕所的标志牌，还在墙上挂了一幅有烤鸡和蜡烛的油画。我准备了漂亮的餐桌摆设，还有他平时最爱吃的土耳其菜，根本不知道化疗会影响他的胃口。晚上，我就睡在他病床边的椅子上。第一疗程结束后，我马上闻出他身上的味道变了。我能闻得出，他的呼吸和汗水中带有化学物品、药物和金属的味道。

我们回到了他那个只有一个卧室的小公寓，他爸爸妈妈也暂时住在那儿。他每次做化疗爸爸妈妈都会飞过来，所以他又买了一张床摆在客厅里。接下来的一年里，那个小小的公寓里常常挤着4个成年人，我们共用一个浴室。他妈妈（他管她叫苏兹）是一位完美的犹太妈妈。她会做美味的西班牙大餐，所以她彻底接管了厨房，统统做儿子爱吃的东西。事实上，我不该说“接管”，因为我根本不会做饭，直到现在也不会。我也想为他做点儿事，比如做饭、打扫卫生和照顾他，并向他妈妈展示我并不是完全不会下厨。所以，一天下午，我决定烤些小饼干，就是最简单的巧克力饼，只需要捏捏烤烤的那种。那是一件谁也不会搞砸的事——当然，我除外。我自信满满地在厨房忙活着，努力让自己看上去很熟练。但不知为什么，饼干的底下全被烤焦了，里面却还是夹生的。而且，我不但烧伤了自己的胳膊，还害得整个公寓里弥漫着刺鼻的烟味，最后连火灾报警器也给弄响了。不用说，他妈妈很不开心。

别人会为我一直陪着他感到惊讶，因为我们刚刚在一起不久。但我从来没有想过撇下他不管。我们永远也不知道未来会发生什么事，人生可能在一瞬间发生改变。我因为自己的残疾被人抛弃过很多次，我绝不会对别人做同样的事。

暑期工作结束后，我没有立刻去找新工作。我觉得自己应该陪着他。这是我成年后的第一段恋情，我不知道应该怎么做。我想表现得勇敢、善良，在他需要的时候陪在他身边。我想，我或许应该不惜一切代价这么做。化疗的时候我会坐在他旁边，我们一起看完了美剧《迷失》（*Lost*）。他简直棒极了！尽管我知道他一直感到恶心、疲惫、痛苦，但他从来没有表现出来，也从来没有失去幽默感。

但后来，我显然不可能随时陪在他身边了。艾伦天生乐于助人，我们这段关系里突然有了两个喜欢照顾别人的人，而双方都不擅长接受别人的帮助。那年秋天，当他让我出去找工作，别老待在公寓里的时候，我们爆发了第一次争吵。他不喜欢被人照顾，也知道我多么努力才得到了学位，不希望我被他的病拖了后腿。

◆ ◆ ◆ ◆

不久，我就进入了布鲁克林的圣弗朗西斯聋哑人销售学校，成了这所学校的社会工作者。学校里有各个年龄段的孩子，从蹒跚学步的幼儿到初中生都有，很多都是家境贫寒的移民子女。我和孩子的家长见面，帮他们申请医疗补助或找工作，有时还要处理家庭问题。很多家长都不懂手语，只知道几个最基本的手势，所以我经常会充当他们和孩子之间的翻译。这些爸爸妈妈不明白为什么自己十几岁的孩子会在家里大发雷霆，然后就会跑来问我。我为这些孩子感到难过，一边努力给家长解释，一边强压下自己心中的愤怒。想象一下，无法告诉家人自己的感受，无法让爸爸妈妈理解自己头脑中的想法，那是一种怎样的感觉。

放学后，我们开设了一些面向成人的手语课。我呼吁家长们来上课，以便和自己的孩子交流。我看到，很多孩子上课后能和聋哑爸爸妈妈交流了，很多爸爸妈妈上课后也能和孩子沟通了，他们都学会了更好地适应社会，融入世界。我意识到，耳聋完全可以不是残疾。如果大家都加入强大的聋哑群体，每个人都能过上充实、快乐、有意义的生活。

于是，我开始和更多的聋哑人交朋友，花更多的时间和聋哑群体打交道。尽管我的视力范围并不大，但在隐形和框架眼镜的帮助下，我的近视得到了矫正，看东西清楚多了。当我全神贯注的时候，和别人聊天已经不成问题了。跟他们聊我的视力问题也比较容易，因为他们中的很多人都知道乌瑟尔综合征。当我能不用掩饰，不受批判，用我觉得自在的语言和别人交流的时候，那种感觉就像是卸下了肩头的重担。

◆ ◆ ◆ ◆

经过9个月的化疗，艾伦终于战胜了癌症，可以回归正常生活了。然而，我们的关系却发生了变化。在过去的一年里，似乎有很多东西被搁置了。虽然我们尽量花时间待在一起，但这段感情已经出现了破裂的苗头。

32

经过4年的分分合合、一次又一次的努力，我和艾伦最后还是分手了。但我们还是朋友，事实上，他还是我在这个世界上最亲近的人之一。如果事情像我身边的人期望的那样发展，我们本该步入婚姻殿堂的。想进入我的密友和家人圈子可不容易，不过艾伦凭借他的超凡魅力轻松做到了。现在，他就像我的家人一样。在我看来，这种关系实在是太完美了。

老实说，我觉得我们当朋友比当恋人更合适，也更开心。有时候我会担心，有了他这样的好男人做标杆，我以后还找不找得到男朋友。他知道我身上发生的所有事，还全心全意地爱着我。还有谁能像他这么了解我，不光是了解我的残疾，还有我所有的缺点和问题，同时仍然真心爱我？能碰上“爱上真正的你”的人的概率有多大？但他希望改变我，总是希望改变我。这不是因为他觉得我有缺陷，而是因为他知道又聋又盲地生活有多艰难。所以，他希望我好好享受视力和听力都健全的人能做的事。

我想象不出有谁能比艾伦更适合当爸爸。他对孩子是那么有亲和力，那么慈爱，那么温柔。他是每个孩子都想要的那种爸爸，每个女人都想要的那种“孩子他爸”。

他跟我也很合拍。这是我们这段关系中最棒的地方。我们做过那么多有趣的事，欢声笑语从来没断过。如今，我们还是能惹得对方开怀大笑。他喜欢我独特的幽默感，而且说笑话的时候会不厌其烦地重复，尤其是他觉得我没听见但特别可笑的地方。最近，他给我念了《摩门经》，一半的时间都在给我讲里面的笑话。

他送给我价格昂贵的进口藏红花，因为他从书里读到藏红花能改善视网膜功能。他还不断送给我各种补品，为我提供各类信息，帮助我乐观地看待未来。他经常和我爸爸一起拜访研究视网膜的医生，关注他们的每次试验。他参加了很多关于盲人的会议，关注该领域的每项研究进展，还利用谷歌的提醒功能第一时间了解可能对我有用的消息。我很高兴他能做这些事，因为这样我就不用做了，而且说实话，我也不会这么做。如果能出现特效药，我当然会很开心。我还和别人一起组织过为Ⅲ型乌瑟尔综合征患者筹款的年度慈善活动，名为“动感视力”（Spin-for-Sight），第一次活动就募集了11万美元。然而，我对科学研究的最新动态毫无兴趣，除非它们真的和我密切相关。我相信，如果出现了重大突破，艾伦和其他亲戚朋友会及时告诉我的。他扮演着慈父的角色，总是试图把事情搞定，还是个不可救药的乐观主义者。

我们最终没能走到一起有很多原因，其中大部分是我的问题。当时我还很年轻，在很多方面都太以自我为中心了。有些时候是我需要这么做，有些时候是我还没有准备好，不知道该怎么做别人的女朋友，不知道该怎么认真对待爱情。艾伦总想改变我、拯救我，帮我做出改变。他敦促我参加医学实验，但我还没有准备好。如果你像我一样身有残疾，那么你吸引的大部分男人不是有极强的控制欲，就是爱扮演爸爸的角色。虽然艾伦是我在这个世界上最爱的人之一，但他同时占据了上述两点。

时机也是个重要因素。有时候，时机真的非常关键。但你无法改变时机，就像你无法改变天气一样。我和艾伦相遇的时机不适合谈恋爱，却适合做朋友。他是我能想到的最可靠的朋友，他对我的关怀远远超出很多人对友谊的认识，我难以用言语来描述。是的，他已经成了我的家人。他是我的坚实后盾，我无法想象生活里没有他会是什么样子。

有时我会想，他是不是满足我太多方面的需要了？如果没有他，我会不会更容易接纳别的男人？我不知道。但我知道，他希望我能找到合适的另一半。在过去的很多年里，他早就把这一点挑明了。对他来说，这也是他最持久、最认真的一段恋情。

但我知道，无论艾伦的存在是不是让我更难找到另一半，我都不会抛弃他。门儿都没有！现在，我可以承认当年不敢承认的事了——我需要他。

33

人们常说我看起来不像残疾人。有时我会带上我家的狗狗奥利弗，给它穿上导盲犬的背心，走进地铁站。地铁里的工作人员通常会投来白眼，扬起眉毛，也常常把我们拦下来。我们的对话通常是这样的：

“这是导盲犬吗？”（用怀疑的目光打量在我腿边摇尾巴的卷毛小狗。）

“她是服务犬。”

“你是盲人？”（语气充满了怀疑。）

“我有视力障碍。”

“真的？”（更怀疑了。）

“对，我还有听力障碍。”（把头发掀起来，给他看助听器。）

“嗯，好吧，但你看上去一点儿也不像残疾人啊。”

这个时候，我总是不知该说些什么。说“谢谢”？要怎么做才合适？通常我会微微一笑，继续往前走，祈祷奥利弗别做害我们露馅儿的事。

在无数次被人说“你不像残疾人”之后，我真想问问他们：残疾人到底该是什么样子的？在很长一段时间里，我都会有意无意地掩饰自己的残疾。现在，我无法再掩饰了，却觉得掩饰一下会活得更轻松。我不希望自己给别人留下的第一印象是“残疾人”，但纠正他们的说法实在是太累了。特别是在纽约，人们给对方贴标签的速度快得惊人，似乎只要瞄一眼对方的衣着、鞋子、挎包、职业和邻居，就可以下定论了！然而，我们其实对彼此的内在一无所知。

34

卡罗琳对我的第一印象并不好。事实上，她简直受不了我。当时，她是纽约“汉普顿区域”的前台，那是我任教的一家动感单车教室。我看得出，她不是个爱早起的人。我每天早上都会冲进教室，赶去上6点15分的那堂课，哼唱着“早~上~好~”和她打招呼。她会瞥我一眼，眼神中流露的意思是她觉得我疯了。直到今天，她还会用这种眼神打量我，尽管这只会逗得我哈哈大笑。她会小声嘀咕着，勉强和我打个招呼，然后继续埋头看书。她下垂的金发遮住了脸，我唯一能看见的地方就是她衬衫领口支棱出来的纤细锁骨。

很显然，她对我毫无兴趣。但出于某个很难解释的原因，我被她吸引住了。即使是当时，我也能从她和其他人打招呼的样子看出她独特的冷幽默感。盯着她的脸看时，我发现她淡蓝色的眼睛里有种尖锐的东西，似乎能把一切都吸进去。我体内也有着同样的东西，那是我从来没有向别人展示过的东西，我辛辛苦苦想要战胜的东西。她总是遮遮掩掩，很不自在，似乎不想让全世界的人看见自己，也不喜欢她看见的自己。

我一向很容易和人打成一片，但为了结交卡罗琳，我却费了很大的劲。我坚持不懈，课间总是走去前台找她聊天，问她最近过得怎么样，俯身看她在读什么书。终于有一天早上，她叹着气举起了手里的西班牙语课本。我对她说，太棒了！我一直想学西班牙语！如果她能教我西班牙语的话，我可以教她手语。让我既开心又惊讶的是，她同意了。

或许她只是放弃了抵抗，接受了现实——除非她屈服，否则这个疯子是不会放过自己的。又或许她在暗暗高兴，我这么努力想成为她的朋友，而她当时正需要一个朋友。不管是出于什么原因，我都要感谢上天把我们凑到了一起，因为卡罗琳成了我最好的朋友。她是我的安妮·沙利文[①]！但她告诉我，是我拯救了她，帮她找回了人生。

我没有立刻告诉她我有残疾，或许她以为我老问“什么”和“那是什么”不过是肤浅的表现。我想告诉她，但总找不到恰当的时间地点。我不希望和我一起工作的人都知道这件事，但几周后，《纽约杂志》刊登了一篇关于我的文章。我知道，这回纸包不住火了。所以，我抢在了前面，装作随意

---

①译注：安妮·沙利文，美国著名的残障教育家，海伦·凯勒的启蒙老师和终生的良师益友。

地把一本杂志扔在了她的办公桌上，然后赶紧跑去上课了。

我下一回见到她的时候，她表情尴尬，眼神躲闪，嘴里嘟哝着“有什么我能帮忙的吗”，这是人们得知真相后的两种常见反应。不过，我终于松了一口气。不用遮遮掩掩的感觉棒极了！我的坦诚也促使她敞开了心扉，告诉我了一些她通常不会说的事。最重要的是，我们都意识到，我们有着同样的冷幽默感。

一天下午，我趁课间来到了她的办公桌旁，心里七上八下的，不知道她是不是觉得我特别烦人。她对某件事发表了评论，我回应说：“蛇往前爬的时候会扯着蛋吗？”

卡罗琳抬起头来，盯着我问：“你说什么？”

“只有一条腿的鸭子会绕着圈游吗？”我继续问。

她开始哈哈大笑，怎么也停不下来。我从来没有听她这么笑过。后来，她告诉我，她找回了一种遗忘已久的感觉——有朋友的感觉。

起初，卡罗琳并没有告诉我太多关于自己的事。比如，她是一位出色的小提琴手，从很小的时候就开始拉琴了。比如，她上大学的第一年基本没有和别人说过话，因为她觉得自己是如此格格不入，和同龄人没有半点相似之处，所以总是独自一人忙于学习，而且为了离爸爸妈妈近一些，她一年后就搬回了纽约，继续在纽约上大学。又比如，她得了厌食症，被我们很多人都面对的自控力问题击败了。最糟糕的是，她竟然没有人可以一起谈笑！由于我们在一起每天都笑声不断，这一点是我无法想象的。

我们俩填补了对方生活中的空白。自从我们结识了彼此，我就无法想象生活中没有她的样子了。她开始学手语，很快，我们就能用这种对我来说更轻松的语言交流了。我鼓励她做动感单车教练，说做前台根本不适合她。不久，她就开始了练习。

◆ ◆ ◆ ◆

又过了几个月，我和卡罗琳已经走得很近了。一天早上，我像往常一样热情四溢地来到了健身房，发现她比平时看起来还要不开心。事实上，她看上去简直是沮丧透顶。我问她发生了什么事，她闷闷不乐地回答说，因为工作和考试的缘故，她今年不能回家过复活节了。在卡罗琳·卡乔尔的家里，过节是一件非常重要的大事。作为家里唯一的孩子，她为不能和爸爸妈妈共度复活节而陷入了绝望。在俯瞰长岛的三里港山坡上举行的找彩蛋活动怎么办？她每年都会收到的装满糖果的漂亮篮子怎么办？她难受极了。她很想念爸爸妈妈，也很怀念儿时的乐趣，被自己肩头“成年人的责任”弄得火冒三丈。卡罗琳不是个爱抱怨的人，所以我知道，这对她来说真的很重要，虽说整件事在我听来简直是蠢透了。

于是，我买了只漂亮的复活节篮子，在里面塞满了她爱吃的糖果，在复活节那天早上带到了健身房。我知道，她会坐在桌子后面，皱着眉头盯着课本。所以，电梯门一打开，我就赶紧举起篮子挡住脸，然后慢慢走到前台。

她看到篮子时的表情简直难以形容！不知道的人可能以为她刚刚中了彩票呢！顺便说一句，她又蹦又跳，一把就把篮子从我手里抢了过去。看着她开心地在篮子里翻找软糖、花生酱彩蛋和巧克力兔子，我觉得无比欣慰，因为自己做的一点儿小事对她来说竟有如此重要的意义。

几个月后的一天，我连续上了几节课，又被拖去开会，一开就是大半天。好不容易开完一场会，天上又下起了瓢泼大雨，我还要赶去很远的地方开下一场会，却忘带钱包了。我给卡罗琳打了个电话，想要自嘲一番，但发现自己根本笑不出来。我肚子瘪瘪的时候根本没法正常做事。我的日程常常爆满，而在我缺少能量的时候，总是比平时更容易发生意外。我可以从容应对瓢泼大雨、繁忙的日程、糟糕的视力和听力，但一想到要饿着肚子做这些事，我就彻底崩溃了。卡罗琳想了一会儿，立刻用导航把我指向了最近的星巴克，又在网站上买了礼品卡，用电子邮件发给了我。5分钟后，我就坐在温暖干燥的店里，喝着咖啡，吃着燕麦片了。

有时，维系友谊并不需要很多东西，只需要咖啡，聊天，帮个小忙，复活节篮子或者关键时刻的星巴克礼品卡。但最深厚的友谊则需要更多东西来维系。它没有血缘或婚姻的约束，是自然而然形成的。它们需要得到滋养，但这个界限非常模糊。没有合同，没有契约，没有人会告诉你朋友意味着什么，我们得自己想清楚。我们可能会失去联系或重新联系，可能会发现某段友谊终结了，或者双方的关系已经超越了友谊。

我的友谊是伴随一生的。没有卡罗琳、艾伦、丽莎和其他的亲密好友，我的世界会是多么黑暗、多么寂静，会少了多少幽默、多少欢乐，会变得多么艰难、多么困苦。对我来说，即使是很小的事也可能有重大的意义。卡罗琳经常找到我弄掉的珍珠耳环，我都数不清有多少次了。如果我在公寓里摔破了玻璃杯，光靠自己是不可能找到所有碎片的。所以，我会先尽可能收拾一下，然后和奥利弗一起回到卧室，免得把自己弄伤。然后，我会打电话给卡罗琳，她会马上赶过来帮忙。

有时候，我讨厌这么做。我讨厌自己总是比别人更需要帮助。当我为此感到沮丧的时候，我就会想起海伦·凯勒。

我知道，当人们听到“又聋又盲”的时候，首先想到的很可能是海伦·凯勒。海伦是一位极具开拓精神的勇敢女性，全凭自己双手和另一位奇女子的慈爱和耐心了解这个世界。那位奇女子就是安妮·沙利文，海伦奇迹的创造者。通过安妮，海伦了解了这个自己本该无法理解的世界。而我正在渐渐失去海伦从未有过的感官。

海伦是如此感激自己拥有的一切。她说过：“我一直活得很开心，因为我有很多很棒的朋友，还有很多有意思的事情要做。”她还说过：“我很少去想自己的残疾，也从不为此伤心。有时或许会有一丝淡淡的渴望吧，但这个念头非常模糊，就像拂过花朵的清风一样。风自吹拂，花自开放。”

海伦的人生就像一座给人启迪的灯塔，人们总是被她的故事吸引。她克服了几乎无法逾越的阻碍，成了一名鼓舞人心的作家、政治活动家、演讲家和教师。不过，是安妮让她拥有了这样的人生，是安妮一直陪伴着她，帮助她了解这个世界，和她分享丰富的人生经历。她们一起度过了49年，差不多有半个世纪！我也必须对自己有信心，相信如果我的朋友们不是心甘情愿的话，就不会在这里陪我，相信他们是真的爱我，就像我爱他们一样。

35

我盯着屏幕，啃着指甲，忽然想起卡罗琳一看见我这么做就打手，然后赶紧停了下来。但过了一会儿，我又开始啃指甲了。

这么多年来，我回答了很多关于自己的问题：最理想的约会对象是什么样的啦，我的体形啦，眼睛颜色啦，最喜欢的书啦，政治倾向啦，性偏好啦，关于宗教的看法啦。问题实在是太多了，我的眼睛都花了。这个时候，卡罗琳就会坐到电脑前面帮我回答。通常，她不用问我就能直接回答，因为她太了解我了，答得比我自己都好。

那些相亲网站上有很多个人隐私。你可能会看到别人的黑历史，比如他以前是个瘾君子，他想每周做几次爱。不过，每个人都会把自己最好的一面展示出来，放上肤色最健康、样子最美的照片，通常是几年前（甚至更早之前）的照片，列出的缺点里通常有“对自己要求太高”。

当然，有些东西是不会写在个人页面上：我服用抗抑郁药。我阳痿早泄。或许是因为我爸爸妈妈的婚姻太糟糕，我和人交往的时间从不超过3个月。我老是背着另一半偷情。我隐瞒了自己的吸毒经历。对了，这个怎么样——我会变得又聋又盲。

对大多数人来说，约会都是件麻烦事。这就像是跳一支精妙的浪漫之舞，其中有很多不成文的复杂规则：什么时候发短信，什么时候打电话，什么时候宽衣解带。这也是一个真正了解对方的过程：你要过多久才会把底牌统统放到台面上？

对我来说，这个过程更加麻烦。例如，即使我戴着助听器，通常也没法听清对方说的每句话，而约会的地方总是特别昏暗，我也没办法读唇语。所以，我什么也说不了，看上去就像个白痴。更糟糕的是，对方说笑话的时候我总是无动于衷。或许我可以告诉他原因：嗨，很高兴见到你，你真可爱——哦，对了，顺便说一下，有些事我应该告诉你。如果不是马上就说出来，我要等到什么时候再说？最近很流行在谷歌上搜索新认识的人，猜猜搜我的名字会出来什么？关于我患有乌瑟尔综合征的文章，还有我在《今日秀》上和梅瑞狄斯·维埃拉的对谈。有人说这很鼓舞人心，但这很难成为闲聊的开场白。

这种事发生不止一次了。有天晚上，我在派对上认识了一个风趣、可爱的男人。我们玩得很开心，几天后就开始了美妙的约会。不知怎么的，我们聊到了语言，我说自己会手语，而且有听力障碍。他看上去对此毫不介意，我们也约好下次再一起出来玩。

第二天一早，我就收到他发来的一封辞情恳切的长信。显然，他那天晚上回家后在谷歌上搜索了我的信息。他说，虽然我们相互吸引，也有共同爱好，但他不知该怎么面对我的残疾。他的生活已经充满了压力，实在无法承受继续和我交往了。

刹那间，我心里就像打翻了五味瓶，愤怒和沮丧占据了主要地位。我没有让他“承受”任何东西，我还沉浸在初次约会的喜悦中呢。接下来，我感到了深深的悲伤和孤独。我最害怕的就是因为残疾被人拒绝，但这种事必然会发生。这不是第一次，也不会是最后一次。最后，我很不情愿地接受了事实：起码他对我很诚实，算是待我不薄了。我不会因为他有这种念头就责怪他，谁知道呢，如果换作是我，说不定我也会这么想。就我这样的人，怎么有资格批判别人呢？天知道我以前拒绝过多少男生。不久之前，艾伦还在责备我太挑剔，别人稍有缺陷就不予考虑。他说：“我敢打赌，你从没想过自己会爱上一个身患癌症的秃顶胖子。”他说得没错。我从来没有像爱艾伦那样爱过其他男人。

我们都不知道生活中会发生什么事。我不否认，虽然这个男人这么轻易地放弃了我，我还是希望他觉得我值得一追。如果在他发现我的真实情况之前，我们再多约会几次呢？要是我们能先成为朋友，他看见我虽然有残疾，却过着丰富、充实、快乐的生活呢？

我坐在沙发上，奥利弗蜷在我身边，试着把电脑拱下去，好霸占我的膝盖。我想要试试自己的运气。我打算更新自己的个人资料，标明我戴着助听器。我不知道多少人会因此对我失去兴趣，也不知道多少人在浏览我的页面时会注意到这一条，但我觉得自己应该这么做，最起码我够坦率。我仿佛听见了妈妈的声音："你这么坦率，谁会不想要你？如果他们不能接受真正的你，你要他们干什么？你是我漂亮聪明的瑞贝卡。"犹太妈妈都爱这么说。但她说得有道理。她觉得我应该在个人资料里加上我参加《今日秀》的视频地址，让更多人看到。卡罗琳也这么想，艾伦也是。我想起第一次和艾伦约会的时候，他讲笑话我却没吭声，他脸上的表情很尴尬。我知道他们很可能是对的，看看我对他开诚布公后发生了什么事吧。不过我也知道，艾伦和大多数人不一样。我这么想的时候，突然意识到自己不该在这个时候想起他。眼下，在个人资料里加上一句"戴着助听器"，我已经是迈出一大步了。

我知道这或许会吸引另一类人，那些渴望被别人需要的人，或是有强烈控制欲的人。我遇到过不少这样的人。让我最气愤的是，别人能遮掩自己身上的小缺陷，我却做不到。我知道，如果能做到的话，自己一定会这么做的。至少在别人深入了解我之前，我还会遮掩一番。但现在，别人一看见我就会发现有些地方不太对劲。最开始，我可能只是显得有点儿心不在焉，但很快对方就会发现，我和他们通过短信和邮件认识的人一点儿也不像。在短信或邮件里，我显得机智幽默，不会让对方重复刚刚说过的话，也不会在吃饭时撞上什么东西。如果他在我耳畔轻声细语，我也不会不懂是调情。这个时候请对方说话大声点儿实在是很尴尬。

有时候我觉得，如果大家一见面就开诚布公，把自己的缺点统统暴露出来，那该多好啊。但谁能办到呢？在更新个人资料的时候，我为自己感到骄傲。这或许是件不起眼的小事，但对我来说却意义重大。

36

我和卡罗琳能相互制衡。她很有条理，也很勤奋。我可以又有条理又勤奋，但通常还又爱冒傻气，又爱做白日梦，还会自顾自地在街上跳起舞来。我引出了她内心不安于现状的一面，她则教会了我，做事有条理会让自己活得更轻松，还能按时出现在应该在的地方。后者从来都不是我的强项。当你要花几个小时找钥匙的时候，如果不养成每次把钥匙放在同一个地方的习惯，那简直就是犯傻。

每次我去她家，她都会小心翼翼地把我的东西放在我专属的桌子上。当我问“卡罗琳，那个……”的时候，话还没说完，她就会打断我：“提问之前，先在桌上找找。”她在自己的洗手间里给我放了一只洗漱包，里面有隐形眼镜护理液、眼部卸妆液、牙刷、牙膏、头梳，所有我可能用到的东西。

她还有一个大盒子，专门装我的助听器，里面还放着3种不同的电池。她甚至会在挎包里装上备用电池，以防我的助听器半路突然没电。每个人都应该有个卡罗琳！她帮我安排生活，收拾打碎的玻璃杯，跟我打手语，是我最甜蜜、最风趣的闺密。她甚至帮我修眉毛，帮我拔掉我很难看见的多余毛发。这一点非常重要，因为我可不想长着老奶奶那样的“胡子”！卡罗琳会帮我盯着的。不过，她有时候也挺烦人的。有时候我会想，如果有人观察我们是如何相处的，可能会觉得像在看美剧《单身公寓》（*The Odd Couple*，直译《天生冤家》或《古怪的一对》），比如找指甲油的那一幕。

一天下午，卡罗琳来我的公寓玩，我在到处找一瓶红色指甲油。每个纽约人都爱涂手指甲和脚指甲，每家发廊都提供这两项服务，但我还是喜欢自己做。这能让我放松下来。我的手脚总是闲不住，在上面涂点儿东西能有效避免我啃指甲。此外，我也希望在还看得见的时候自己涂。不过我敢肯定，我涂得是越来越糟糕了。

我四处寻找指甲油的时候，卡罗琳也开始帮我找。她先找到了一瓶，然后又是一瓶，接下来又是一瓶。她在我的公寓里细细搜索了一番，竟然找出了一大堆指甲油瓶子，而且每瓶都是差不多的红色。

“我一直以为弄丢了，”我为自己辩护，“然后就去买了瓶新的。”卡罗琳怀疑地扬起了眉毛。“我差不多瞎了，你知道的！”我继续说，我可不想被她视为囤积狂。不过，我可以从她的眼神中看出，她就是这么想的。她继续找指甲油，然后把“战利品”全部堆在地板中央，再一个一个放进旅行用的大号塑料袋里，边放边大声报数。根据她的计算，一共32瓶。

“如果我找不到这个袋子了怎么办？”我问，纯粹是想气气她。她指了指她准备搁指甲油的那个抽屉。

“袋子就放在这儿。”她斩钉截铁地告诉我。我想，她是想叫我长点儿记性。不过，我真正想的是，虽然她不喜欢给我收拾烂摊子，但我很高兴能有卡罗琳这样的朋友。她总会在我需要的时候出现，帮我做这做那，让我活得更轻松。更重要的是，她会教我怎么自己做这些事。

37

结束在美国精神分析学院的学习，拿到心理治疗师执照后，我决定开一家自己的心理诊所。我知道这意味着白手起家，除了我自己外，没有人能阻止我。我也知道，自己将因为残疾面临巨大的挑战，但这一点还不足以阻止我。

我的第一个病人是位女士。我之前在伦弗鲁康复中心工作过一段时间，当时她在那里接受饮食失调治疗。她一出院，马上就来找我了。我在自己的公寓里辟出了一块做办公室，在她过来之前就收拾得干干净净，布置得很温馨。我打扫了一遍又一遍，生怕遗漏了什么。我给她进行心理治疗后，经过口耳相传，又增加了很多病人。我最开始专门接待有饮食失调问题的年轻女性，因为我有亲身体验。这个头开得很不错。

给年轻女性进行心理治疗让我不断思索，为什么这些问题会困扰我们。

问题不在于食物本身。对很多人来说，她们只是想控制某些东西，因为现实中有那么多无法掌控的东西。比如，我无法控制自己的视力和听力渐渐消失，这两大感官是大多数人都觉得不可或缺的。尽管其他人的故事不像我的那么有戏剧性，但我们都生活在现实世界里，这里充满了自己无法改变的东西。我们尽管内心深处极度无力，还得努力保持光鲜的外表，因为这会让我们觉得自己有力量。

我们总会接触到不切实际的观念，说女人应该看上去是什么样子的。难怪会有那么多女人落入陷阱了！现在，我在街上走的时候总是戴着助听器，通常还会拄着盲杖。我过了很长一段时间才不会对此大惊小怪。不管我看上去有多棒，我都很难想象男人盯着一个拄盲杖的女人看，心想“哇，真是个辣妹”。毕竟，纽约城里有成千上万的美女，绝大多数都没拄盲杖，没戴助听器，还有完美的外表（不管内心是什么样的）。但我知道自己不应该为此担心，因为这只会让我感觉更糟糕，让我无法竭尽全力把生活变得更轻松、更美好。我还得记住，每个人都有自己的糟心事，它们总有一天会暴露出来的，我只是比大多数人早暴露一点罢了。

所以说，问题不在于食物。当我终于意识到这一点的时候，它给了我很大的启发。这不是说我吃完一顿大餐后不会感到愧疚，也不是说我照镜子时会毫不在意自己胖了几磅，而是说我可以开诚布公地表示，我在努力保持饮食和运动的平衡，而且为此感到开心。

每当做完一整套运动后，我都会觉得自己无往不胜。我热爱美食，接下来就可以尽情享受美食了！饮食失调再也不能控制我了。

◆ ◆ ◆ ◆

由于视力和听力急剧衰退，我特别珍惜自己的其他感官。如今，品尝美食成了我最大的乐趣。我可能比我见过的其他人都更热爱美食。我相信，其他人也热爱美食，但我能胜过他们任何一个。我喜欢慢慢品尝嘴里的东西，这也让我成了最棒的晚宴宾客，因为只要喜欢某个菜，我每咬一下都会赞不绝口。我根本等不到咀嚼完毕，就会情不自禁地感叹它有多美味。

味觉是一种有别于视觉和听觉的享受。我爱薄荷冰激凌在舌间清凉滑腻的感觉，那是唇齿之间的美味大爆炸！谁说只有我们这边的人爱吃薄荷冰激凌？我觉得，它是世界上最美味、最爽口的冰激凌！如果你慢慢品尝，就会觉得所有东西都不一样了。

我爱羽衣甘蓝沙拉在嘴里跳跃的感觉，上面洒着浓郁的香醋，夹着脆脆的杏仁碎，还有香甜可口的苹果，加上绵软的鳄梨，让口感更加丰富。没有什么能比我妈妈著名的意大利面酱料更让人回味无穷了！每当我走进厨房，里面总是充满了西红柿、洋葱和牛至的味道。我会像奥利弗一样垂涎三尺，甚至会越过妈妈的肩膀，直接从锅里舀酱料吃。我爸爸做的苹果酱也是一样！刚吃第一口，就像有上千枚香甜的苹果同时在我嘴里绽放！更别说那软软的黑色甘草条了……还不快把整袋都拿给我！

现在，我的味觉、嗅觉和触觉变得异常敏感，很多以前爱吃的东西都不能吃了。无论是用什么方式烹调的肉类都让我觉得恶心。而且，尽管我知道自己应该吃鱼，但煮鱼的味道还是让我难受。辛辣的食物和气味重的奶酪也不适合我。我如果不喜欢某样东西，就装不出喜欢的样子，因为我的表情可瞒不了人。

如果我把眼睛闭上，其他感官还会变得更敏感。当我和卡罗琳一起享用浇上丰富酱料的冰激凌或冰冻酸奶时，我们都会闭上双眼。我常常想，“盲人料理”可以作为热门畅销书的书名。人们闭上眼睛后，往往会放慢进食速度，细细咀嚼，慢慢品尝。我发现，判断碗里剩下了多少食物，并不足以让我停止进食。但发现食物尝起来不再美味，自己的肚子不再咕咕叫，却能让我停止进食。不是说我每当这个时候都会停下来，特别是面前摆着冰激凌的时候，但我会努力做到这一点。这让我更加珍惜食物。我认为，无论是自愿还是被迫失去一种感官，都会让另一种感官变敏感。不过，我可能比大多数人都更擅长不用眼睛吃东西。我平常吃饭的时候偶尔还是会撞翻玻璃杯，但在伸手不见五指的暗处，我每次都能顺利拿到杯子。有一次，我和艾伦去参加抗盲基金会的黑暗晚宴。他一开始挣扎着拿餐具把食物送进嘴里，但最后还是放弃了，开始直接用手抓排骨吃。我则成功地从他的盘子里偷走了大部分土豆泥。还是在黑暗中吃饭最美味！

◆ ◆ ◆ ◆

我的心理治疗工作开展得很顺利，很快就有聋哑患者来找我了。他们很高兴能找到一位明白耳聋意味着什么，但也知道耳聋并不意味着一切的心理治疗师。有一对聋哑夫妇来找我，在我办公室里吵了起来。他们的双手运动的速度那么快，脸上的表情是那么戏剧化，表情变得又是那么迅速，我不得不请他们放慢一点儿，好让我跟上他们吵架的节奏。

我还有一位病人是逐渐丧失听力的作曲家。我试着想象，如果一个人的生活是以音乐为中心的，慢慢失去听力对他意味着什么。跟他聊天的时候，我会教他手语，但我知道这对他来说远远不够。他不仅仅是失去了听力，还失去了艺术的激情，失去了自己热爱的工作。

我还有来自印度、哥伦比亚和新加坡的病人，他们也都有不同的残疾。我会对他们开诚布公，直截了当地告诉他们，我的听力很糟糕。他们通常都很愿意戴上和我的助听器配套的麦克风。事实上，我觉得这给了他们一种掌控感。我的做法和教导我的精神分析师们不一样，他们绝不会向患者透露自己的信息。但对我来说，不这么做是不可能的。

我必须与众不同，必须建立一种双向的医患关系。因为，不坦承自己有残疾，我就无法认真工作，无法把关注焦点放在病人身上，全心全意地为他们解决问题。人们都喜欢被别人需要的感觉，我的病人们都很乐意迁就我。

◆ ◆ ◆ ◆

我喜欢听别人讲故事，也会关注别人的需求，思考自己能做些什么来帮助他们。我非常理解什么叫作“带着欢乐与伤悲过好每一天，让每一天都过得有意义”。这听起来像是贺卡上写的话，但事实确实如此。如果我能帮助病人做到这一点，真正活在当下，那么我相信自己的工作就是有价值的。

38

上大学的时候，我经历了第一次听力急剧衰退，耳鸣也随之出现了。那个时候，我无法忍受摘下助听器，因为那只会让耳鸣变得更糟。我记得之前学到过，截肢患者常常会有“幻肢”体验，觉得失去的四肢仍然附着在躯干上，能和身体的其他部分一起移动。患者会觉得已经不存在的肢体有疼痛感，或是以不舒服的姿势扭曲着。这是我能想到的最接近的类比了。我的耳朵听不见，但大脑认为它们能听见，所以就创造出了一大堆它能想到的最惹人讨厌、最让人痛苦的声音。

我取得硕士学位，开设心理诊所后，独自住在纽约市内的一个小公寓里。当时，我已经适应了自己的听力障碍。事实上，我很期待回到家，好把助听器摘下来。虽说听力障碍对我的生活有些影响，但没有比屏蔽掉周围的噪声更让我开心的事了。摘下助听器能让我不受打扰，集中精力，或是随时随地放松下来。我睡得像婴儿一样香甜。这是一种天赋。这并不是我最想要的东西，但确实是上天的馈赠。

但突然间，一切都变了。我不再期待回家摘下助听器，反而开始害怕这么做了。起初，我还不明白，自己体验的是另一种形式的耳鸣。我已经习惯了耳边的嗡嗡声，大多数时候都会熟视无睹。然而，不知是因为听力障碍加剧了，还是听力衰退的副作用，我经历了为期一年的严重幻听。这种幻听有些会持续一两个星期，有些则会持续好几个月，而且都是在晚上开始的，也就是我平常睡得最香的时候。

半夜的打桩声是我记得最早出现的声音。某天半夜，我被几乎能震破窗玻璃的打桩声吵醒了。那些该死的工人怎么选这个时候打桩？这个城市简直是没救了！我一边这么想，一边掀开被子，冲向窗口，嘴里嘟囔着要尽快搬回加州。我气急败坏地一把推开窗户，探出身子，左右张望。是有人和我开玩笑吗？大街上没有工人，更没有打桩机，只有朝第59街驶去的滚滚车流。

后来，诡异的声音潜入了室内，变得更可怕了。那正是独居女性最不想听的声音。

还有一天，我早早躺在了床上。那时还是秋天，天气挺暖和，所以我睡觉的时候会开一点儿窗户，让外面的习习凉风吹进来。我恍恍惚惚就要进入梦乡的时候，突然被一阵敲击声惊醒了。最开始，我还以为是外面传来的声音，就顺手把窗子关上了。但细细听来，它好像是从我床背后的墙后面传来的，那堵墙是我和隔壁邻居共用的。我不知道他们公寓的布局是什么样的，不知道他们的床是不是和我的一样顶着墙。于是，我静静地在黑暗中躺着，根据神秘的敲击声想象出了一系列场景。那个声音听起来是那么真切，我甚至能听到它敲在我耳膜上的回声。起初，我刻意无视它，觉得反正不是来找我的。但敲击声连续不断，根本没有停下来的意思。我的邻居是一对年轻的未婚夫妇，最近刚刚搬过来，或许只是他们在闹着玩吧。想到自己竟然和邻居靠得这么近，只有一墙之隔，我觉得有点儿滑稽。纽约真是个奇怪的城市，你可以住在离别人只有几英尺的地方，却连他们叫什么都不知道。我不太高兴地反敲了回去。接下来，我又听到了另一种敲击节奏，所以我又反敲了回去，这一次更自信，也更激动了。

但我突然想到，那或许不是敲击声，而是他们的床头板撞击墙壁发出的声音。这个解释更说得通！我赶紧拽起被子蒙住脑袋，羞得满脸通红。我的邻居肯定是在做“室内运动”，而我表现得像是想参与一样。

随着长夜将尽，东方吐白，我又产生了怀疑。就算他们是马上要结婚的小年轻，“室内运动”也不可能持续那么长时间呀！我又对敲击声的来源做了几种猜测。我从刀架上抄起了一把最锋利的刀（不过，它钝得连苹果都切不开），蹑手蹑脚地走到门边，从锁眼朝外看去。外面什么也没有！我握紧了刀柄，尽可能不发出声音地扭开了锁，然后悄悄地推开了门。外面还是什么也没有！我先瞧了瞧两边，然后才迈出了门，去走廊转弯处看了看。半个人影都没有！经过三四个晚上的折腾，我终于疲惫不堪地睡着了。但我还没有意识到，这一切只发生在我的脑海里。

折磨还在继续。如果一定要我猜的话，我会说，上楼梯的是个成年人。虽然脚步声不是特别响，也不是特别重，但每一级台阶都在咯吱作响，每一步听起来都像是腐朽的木阶下一秒就要塌掉。我跑到走廊里四处张望，但我住的是带电梯的高层建筑，火灾逃生梯上一个人也没有。究竟是怎么回事啊？我又一次迷惑不解地回到屋里，想赶紧睡过去，这样就不用听那些吱嘎声了。但我还是忍不住想，这种声音不就是恐怖电影里杀人魔出现的前奏吗？

最恐怖的是最后出现的声音——女人的尖叫声。

像其他声音一样，尖叫声大半夜把我惊醒了。那个声音非常可怕，极具穿透力，吓得我浑身打战。像其他声音一样，尖叫声也穿透了我的耳膜。我的第一反应是蜷成一团，把被子扯过头顶。我一边想着是该打电话报警，喊门卫帮忙，还是跑去走廊，一边紧紧闭上眼睛，双手捂住耳朵，想把声音隔绝在外。但这么做似乎让尖叫声变得更响了。我一下子就明白了，声音是从我的脑袋里发出的！后来，我去看了听力矫正专家，他给我解释了“颅内噪声”这个概念，这种声音完全是大脑创造出来的。知道这一点后，我脑袋里似乎安静了不少。

我现在有时候还会出现幻听，但声音已经变得温和多了。我会在纽约市中心的公寓里听到蟋蟀的叫声，或者清脆的劈啪声，让我想起小时候最喜欢的谷物早餐。当然，耳鸣一直没有间断，但这总比大半夜的尖叫声容易无视吧！

39

“耳语”是个一听就知道是什么意思的词。它就像一条亲密的纽带，能把人联系在一起。

小女孩总爱窃窃私语。在夏令营里，我们总是熬夜不睡，挤到别人床上，偷偷交换爸爸妈妈寄来的糖果，忙着互相咬耳朵，交换小道消息。我们会尽量压低笑声，免得被巡夜的辅导员发现，打发我们去睡觉。我们会一起讲鬼故事，聊自己喜欢的男孩。

我们真想就那么聊上一整夜啊。舒舒服服地躺在那里，分享自己的故事，那种感觉真是太棒了！从某种程度上说，低声细语会更容易讲出很难大声说出的事。当喇叭里传出美妙的音乐，发出就寝的信号后，小木屋里总是充斥着低声细语，有时还会有长长的个人独白。大家讲述自己的故事时，声音此起彼伏。等夜深了，轻柔的低语还会陪着我们进入梦乡。

在我的青少年时期，有一种不太光彩的低语。在犹太教堂、成年礼、学校集会或成人聚会上，当孩子们本该循规蹈矩的时候，我会和兄弟、朋友们闲极无聊地咬耳朵：“怎么还没结束？”“无聊死了！”“我们可以溜出去不？”我们会小声地讲笑话，相互逗乐，试图打破沉默，陶醉在窃窃私语的欢乐中。还有那些男孩，我中学时的小男友们。他们的嘴唇碰着我的耳垂，他们的呼吸温暖而湿润，他们的甜言蜜语都是说给我听的。

我不记得自己最后一次听到耳语是什么时候了，但那肯定是十多年前的事了。上大学后，我意识到，要想听到平静的赞美、告白和鼓励，我就得一直戴着助听器，因为这标志着从童年“过家家”到成人恋情的过渡。如果对方没有得到我的认可，没有为我的残疾做好准备，甜言蜜语只是一番空话。

耳语就这样离我远去了。人生中最重要，也是最常见、最简单的亲密关系就这么消失了。

我身边的大多数人都知道，对我耳语是徒劳的。如今，当某个刚刚走进我生命的人，比如新结交的男友，新认识的知己，偶尔在我耳畔低声说话的时候，我只能感觉到一阵吹进耳道的热风。这让我很伤心。但看见别人交头接耳的时候，我并不会特别妒忌。我确实渴望听到自己再也听不到的声音，但我已经很满足了，因为有那么一段时间，我体验过各种各样的耳语。

如今，我注意到耳语的传递有多么迅速，人们给予和接受它的时候是多么轻率。有时候，我真想告诉那些人，多花一点儿时间去感受耳语，感受那奇妙而温暖的力量吧。我真想回到夏令营的那座小木屋里，让那些睡上下铺的小女孩放开了聊，低声细语，直到天明。

40

我和卡罗琳找到了一种独特的耳语方式。

每隔几周，她就会来我家过夜。我们会肩并肩躺在我的大床上，她会耐心等我摘下助听器，放在床头柜上，和眼镜做伴。一关掉灯，我们就变回了去同学家过夜的小女生。虽然我既听不见也看不见，但我们能靠手语分享秘密。最初，卡罗琳从我这里学手语，后来，她是为我而学，为我们俩而学。如今，我们俩都能熟练运用触感手语了，那是失明且失聪的人们使用的语言。这样一来，不管周围有多黑暗，多嘈杂，不管我的听力和视力变得多糟糕，我们都能顺畅地交谈。

我们会面对面躺在床上，她会抓住我的两只手，把自己的手包在里面。我会闭上眼睛，集中精力，努力拼出她在我手心里比画的字母，用我的手掌和手指认真倾听。当我握着她的双手，感觉她手指运动的时候，卡罗琳会用食指点着自己的胸口，我则会大声念出她比画的词。在打出下一句话之前，她的食指会一直保持不动，等着我把每个词都念出来，确保我弄清了她想说的意思。

起初，我们做得很糟糕。每次出错我都会咯咯直笑，其中大部分都是我出的错。虽然我听不见卡罗琳的声音，但我知道她也一直在傻笑，因为我能感觉到她把床震得直颤。就像小孩玩的传话游戏一样，我们越是犯错，整件事就越好笑。随着犯的错越来越多，我们也笑得越来越厉害。卡罗琳能清楚地听见我的笑声，也知道我听不见她的笑声。所以，她会拉起我的手，搁在她的脖子上，放在差不多是声带的位置。这样一来，我就能感觉到她在笑了，也害得我笑得更厉害了。

后来，我们越来越熟练了。我们竟然能在一片黑暗中静静地交谈，这有时甚至会让我大吃一惊。现在我知道了，无论我的世界变得多么黑暗，多么寂静，我永远也不会孤单，卡罗琳永远也不会离开我。

看别人用触感手语交谈，就像是看两个人拥抱。这是一种手掌和手指的精妙舞蹈。当人们用触感手语交流时，他们会面对面站着，相互之间贴得很近。他们的胳膊会同步运动，他们的双手会同时充当眼睛、耳朵和嘴巴。

如今，社交网站和短信取代了面对面的沟通，连打电话都成了一种难得的亲密接触。（除非你是我们家的人，我们似乎几个小时不打电话就全身不舒服。）而触感手语本身就是一种亲密接触。它需要近距离触碰另一个人，需要全身心投入。它是唯一不需要视觉或听觉的一对一交流方式。安妮·沙利文正是靠它帮海伦·凯勒摆脱了黑暗、寂静的禁锢。她牵着海伦的手放在水龙头下面，然后在她手上一遍又一遍地写“水”字，直到小海伦把两者联系到一起。

触感手语需要时间和耐心，这是现代社会（包括我在内）特别缺乏的两样东西。这不是三心二意就能做的事，和一边写电子邮件或翻杂志一边听别人说话可不一样。这要求你给予对方足够的重视，对方也用同样的方式对你。仔细想想看，你就会发现这种情况其实并不多见。你不能像做其他事一样想东想西，想着午饭要吃什么，还有什么工作要做，因为你需要把全部注意力都放在敏感的手掌和指尖上。

触感手语还需要身体的亲密接触，亲密到很多人会觉得不舒服的程度。你不能把自己的情感藏在键盘背后，不能挪开视线，不能拉开距离。这是一种无比真诚、自由自在的闲聊方式。和别人如此亲密可能会让你觉得有点儿古怪，甚至有点儿恐怖，但用这种与众不同的方式和人打交道是很有意思的。

通过这种方式，我维持了珍贵的友谊。如果有足够的耐心去尝试，我甚至能培养全新的友谊。我无法想象受到众多限制、无法结交新朋友的生活。如果我变得又聋又盲了，以后还能结识新朋友吗？我开始是持怀疑态度的，但后来，我想到了海伦·凯勒，她是多么爱世人，多么爱这个世界。她一生中做了那么多事，鼓舞了那么多人。只要想到她，我就会充满力量。我知道，无论失去了多少东西，我都能像她一样，拥有充实、快乐的人生。

◆ ◆ ◆ ◆

大多数人和宠物或小宝宝在一起的时候，都会显得特别温柔，让我觉得爱别人是一件很容易的事。小宝宝和小狗狗都有着漂亮的大眼睛，看上去都是那么天真无邪，别人可以轻易地爱上他们，毫不畏惧地抚摸他们，或是被他们触碰。

我在职业生涯里学到的最重要的一件事，就是人们渴望相互联系，需要被别人触碰。那些不喜欢被触碰，羞于被触碰的人，通常都有很充分的理由。我在办公室的沙发和椅子上放了很多手感很棒的靠垫，我常常看到客户一边讲述自己的故事，一边摸着靠垫的纹路。有些人则会抱着靠垫和我说话。他们或是将其视为慰藉，或借此表达自己的焦虑或快乐。我可以通过他们触碰东西的方式去了解他们。

我觉得，人们在日常生活中往往忽略了触摸的重要性，尤其是当我们长大成人之后。孩提时代，我们会追逐打闹，全心全意地拥抱我们喜欢的人。很多研究表明，被触碰较多的人会活得更幸福，也更长寿。我认为，大多数人被触碰得都太少了。我在一个热爱拥抱的家庭里长大。我们一家人都喜欢拥抱别人，也喜欢被别人拥抱，这让我们觉得很自在。对我来说，触碰是必需品。它能把我和其他人联系在一起，也是我和别人沟通的重要手段。我不希望又聋又盲地活下去，但即使又聋又盲，我也能好好地活下去。即使没有视觉和听觉，我也能过上美好的生活。但如果少了触觉，没有人能活下去。

41

人们常常告诉我，我对生活充满热情，毫不自怨自艾，给了他们很大的鼓舞。我一直不知该对此说些什么，也不知该有什么样的感觉。如果说我有一种能够鼓舞人心的特质，那就是努力活好每一天的坚强毅力。这是别人看不见也不了解的。

比如，当我穿过拥挤的人行道，走向人头攒动的地铁站时，助听器里传来了很响的电流声，我就只好把它们摘下来，一边看书一边等地铁。于是，我就顺理成章地错过了下一班地铁，因为来车的时候我既看不见也听不见。我会对此报以一笑，而不是沮丧不已。

所以，当别人说我能鼓舞人心的时候，我会觉得浑身不自在，除非赞扬来自我的兄弟。我不介意彼得说我是他的英雄，因为我可以很诚恳地告诉他：“不，你才是我的英雄！”彼得是我的头号支持者，也是我在昏暗、嘈杂环境里的翻译。他无疑是我认识的最有耐心也最有爱心的人，而且他特别风趣幽默。我一直很佩服他能不带偏见地和别人交往。他会紧紧盯着对方的眼睛，设身处地为对方着想。这是一种很罕见的能力，也是一种很重要的能力。

彼得是每个人都想结交的那种朋友，不是因为他特别优秀，而是因为他总是充满热情。他无时无刻不在散发正能量。即使是在很尴尬的情况下，他也能让你马上自在起来，接受真实的自己。我很爱跟兄弟姐妹们一起唱歌跳舞，和他们一块瞎闹腾。如果你想找点儿乐子，比如全情投入地唱一首20世纪80年代的老情歌，彼得会是你的最佳搭档。（在他看来，要是唱黛比·吉布森的歌就最棒了！）他会和你一起疯，一起闹，一起唱得不亦乐乎。他即使不知道歌词，也会跟着你唱下去，甚至会来一段激情四溢的伴舞。

在过去的几年里，我在昏暗嘈杂的餐厅越来越看不清东西，也听不清声音了。我通常只能静静地坐在那里，想自己的事情。对我来说，背景音乐实在是太吵了，别人说的话我根本听不见。我的视野也太狭窄了，导致我跟不上聊天的节奏。并不是说我坐在那里不开心，只是说我得花很多的精力，对方还得有足够的耐心，愿意给我重复刚刚说过的话。对很多人来说，即使他们很爱我，这么做也会减少外出的乐趣。事实上，他们说的很多话都不值得再重复一遍。不过，只要彼得在那里，我总能玩得很开心。他对我的需要很敏感，还会用自己的幽默感让我的需要显得再正常不过。我们和亲戚朋友一起在餐馆吃饭的时候，他会建议别人说话大声一点儿，或者冲着我的方向说。彼得对我的幽默感了如指掌，知道我什么时候是真听清了，什么时候是装听见的。人们会被某个笑话惹得哈哈大笑，然后再慢慢平静下来。彼得知道，如果我和别人一样是头一次听到某个笑话的话，肯定会笑得上气不接下气，那么，如果我笑得没那么夸张，他就会给我重复一遍。我总是笑得特别夸张，而这也会把他逗笑。能和别人一起开怀大笑的感觉棒极了！

我很怀念和大家一起开怀大笑。我简直无法想象没有欢笑的生活。听不见别人说的笑话，而其他人都能听见，这种感觉尤其糟糕。我身边的人都很风趣幽默，大家都很爱笑。我想和他们一起笑，也想把他们逗笑。幸运的是，这件事对彼得、艾伦和卡罗琳来说也很重要。他们总是给我重复别人说过的话，确保我真的听见了。彼得是最棒的，他给我带来了许许多多的欢笑。

服务员推荐当日菜品的时候，彼得会小声复述给我听，我则会朝他侧过身，把左耳凑过去。他说的话通常是这样的："大比目鱼配酸豆角、西红柿和橄榄，菲力牛排配土豆和青豆，希望别配上服务员嘴里刚刚喷出来的东西。"

一天晚上，他带我去现场看比利·克里斯托的脱口秀《700个星期天》（*700 Sundays*）。节目开始后，我想用听力障碍辅助耳机，但发现它们不管用。因此，彼得会给我重复每一句他觉得我没听见，但觉得有意思的话。

有那么一瞬间，除了我之外，全场观众都爆笑不止。彼得知道我没听清，因为那是一个关于屁的笑话，而我超爱屎尿屁相关的笑话。于是，他对我重复了一遍。当全场观众好不容易安静下来以后，我突然一个人哈哈大笑起来。比利在台上居然听见了！在炫目的灯光下，他冲着观众席上我坐的方向说："你喜欢这个笑话，对吧？"当然，这让我笑得更厉害了。

我能理解，由于我的视力和听力都不好，人们觉得不容易跟我开玩笑。但我经常需要幽上一默，而彼得很理解这一点。一天晚上，我和亲戚朋友一起吃大餐，席间觥筹交错，有人说了个笑话，而我没听见。我的助听器老是出问题，总是放大喧闹的背景噪声，而不是我想听的说话声。彼得给我重复了好几遍，我还是一脸白痴状地盯着他。最后，他放慢了语速，尽可能清晰地对我说：

"我……说……你……听……懂……这……个……笑……话……了……吗？你……他妈……的……是……白……痴……啊？！"

这比任何笑话都更戳我的笑点！不仅是因为他放慢了速度对我说话，跟我是个白痴似的，还是因为他这么说话听起来就像个"他妈的白痴"。他模仿的是人们有时对听力障碍人士说话的样子，就像我们这些人不但听力有障碍，智力也有障碍一样。

现在，这已经成了我们之间的经典笑话，跟我比较熟的人也会拿它取笑我。如果我连续好几次没有听清他说的话，他就会改用这样的调子："你……今……天……晚……上……想……吃……什……么……啊……白……痴？"

如果说我有朝一日会变得又聋又盲，我很高兴能对此幽上一默。我不介意被别人取笑，因为有时候我闹出的乱子确实很搞笑。有一次，我和卡罗琳一起跟朋友吃午饭，那个朋友问我们，有没有从健身房的淋浴间传染过脚气。我的回答是："有啊！今天早餐我抹在面包圈上吃的。"因为我隐隐约约听见他好像在说"豆腐乳酪"[①]。结果，我们3个人都笑得停不下来。

①译注："脚气"（toe fungus）和"豆腐乳酪"（tofu cream cheese）部分读音相近。

42

世界上有那么多美妙的地方，我有幸见过其中不少，也渴望见到更多。我知道，我拥有的时间不足以看尽花花世界。因此，我会把见过的美景铭记于心，就像铭记所有即将消失或无法持久的东西一样。

大学毕业后，我去欧洲晃荡了一个月。我拿着一张欧洲火车通票，带着一本《欧洲旅行指南》（*Let's Go Europe*），背着一只塞得满满的旅行包，飞去意大利和朋友安迪见面。去过欧洲的背包客应该对这些东西都不陌生吧。我们的计划是，先到佛罗伦萨碰面，然后前往希腊和西西里岛，或者看看风会把我们吹向哪个地方。

像我之前的无数游客一样，我立刻爱上了佛罗伦萨，爱上了它狭窄的鹅卵石街道（尽管它们对我来说非常危险），还有街边琳琅满目的小店。我爱上了性感的意大利语，还有韦士柏轻便摩托驶过时的隆隆声，虽然它们总是逼得我跳到路边。很多英俊的男士开着轻便摩托经过，他们背后总是坐着时髦的美女。一切都沐浴在粉红色的灯光下，让那些男男女女看起来格外动人。我还在市场上买了半打宝石色调的丝巾。那里的颜色、味道和气味都让人觉得活力十足。对了，还有那里的美食！如果厨师允许的话，我简直想泡在橄榄油里！我狂吃意大利冰激凌，有时一天要吃两次。我简直无法相信，怎么每样东西都那么美味！我一直很挑食，但意大利美食显然是例外。而且，尽管浓烈的气味通常会让我退避三舍，但即便是意大利男人搽的浓烈香水，在这里闻起来都是那么恰到好处。

我们从佛罗伦萨乘船前往希腊，然后飞去那些美丽的小岛——圣托里尼、米科诺斯、艾诺斯和帕罗岛。蔚蓝的海水和雪白的岩石形成了鲜明的对比，再加上在岩石中雕刻出来的商店和餐馆，那些小岛每一个都美得惊人。我知道，这幅景象会永远铭刻在我的记忆中。

一周后，我遇见了另一个朋友，然后我们一起飞去法国。我爱巴黎的古老建筑，爱巴黎人的优雅风度，还有步行穿越城市的自在感。我们穿过了活力四射的玛莱区，欣赏了宏伟壮观的杜乐丽花园，沿着塞纳河散步，在卢浮宫里漫游。我们还品尝了令人难以置信的美食，无与伦比的奶酪、面包和糕点。

接下来，我们从巴黎前往德国，去参观达豪集中营。那里和快乐的意大利、绝美的巴黎和阳光灿烂的希腊截然不同。我们去的那天，铅灰色的天空中飘着小雨，刺骨的寒风呼啸而过。当我们走进那幢空旷寒冷的建筑，那间臭名昭彰的毒气室时，我感觉到了所有死在那里的人（所有的爸爸、妈妈、兄弟、姐妹）的恐惧和悲伤。那种感觉实在是太压抑了，就像我们周围突然出现了无数个万人坑。

那里和我想象中一样恐怖，一样令人心碎。不过，我很高兴能看见它，能去感受一个应该目睹的地方。我永远不会忘记在那里看见的一幕幕。

◆ ◆ ◆ ◆

为了庆祝妈妈的六十大寿，我和她一起去了秘鲁。我当时28岁。那是一次徒步登山旅行，我想爬一座最难爬的山。妈妈脚上起了很多大水泡，所以一直跟在队伍的最后面。我则一心想做领头羊，希望挑战自己的极限。不，我不是希望这么做，而是觉得自己需要这么做。我特别喜欢登山，因为这会让我集中精神，让我觉得有能力照顾自己。我们每个人都有强项，也有弱项，而登山正是我的强项。尽管我的双脚和背部疼痛难忍，但这种痛是我能应付的。我能挺过去！我的身体虽有残缺但异常强健，疼痛无法阻止我对它的爱。

对我们中间最勇敢（或者说最疯狂）的人来说，前面还有印加古道。它绕着马丘比丘蜿蜒而上，一直通向太阳之门。通往山顶的是一道古老而狭窄的台阶，有些地方特别陡，你得手脚并用才能爬上去。我下定决心要爬上去，也知道自己能做到。把全部注意力放在身体上的时候，我可以忘掉眼睛和耳朵，关注能正常运作的部位。而且，我的中央视力还不错，尽管视野狭窄，但我能紧紧盯住正前方。事实上，这一点或许对我有利。由于两侧视力很差，我看不见旁边致命的悬崖。我很有动力，因为妈妈在山顶上给我加油。爬到山顶的时候，我累得都说不出话来了，只感觉到汗水一直顺着脸颊往下流。我觉得征服了世界！

我环视四周，将美景尽收眼底。在我的脚下，薄雾笼罩着绿意盎然的丛林和众多古迹。我暗暗感叹，自己竟然能亲眼目睹这一幕！我永远也不会忘记那里。我被彻底迷住了，只想一口气看尽一切，用美景和古迹塞满视野。对每个人来说，这都是一幅惊人的景象！大家纷纷掏出相机，捕捉那令人难以置信的美景。但我对拍出漂亮的照片没什么兴趣，反而更愿意调动一切感官来感受这一幕。除了四周动人心魄的美景之外，还有我怦怦直跳的心脏、吹干我额前汗水的清风、高山之巅的清新空气。所以，我做了自己最爱做的事：闭上双眼，捕捉那种感受，那个瞬间，那段记忆，便于将来回忆。那是一段极不平凡、千载难逢的旅程，但我在日常生活中也会做同样的事：把珍贵的一幕幕铭刻在记忆深处，充分感受此时此刻的喜悦。

离开马丘比丘后，我们穿过了一个印加小村庄，经过了很多屋子中间有火塘的小茅屋。村民们穿着五颜六色的民族服装，孩子们或是腼腆地偷瞄我们，或是快乐地追逐打闹。那是一幅世外桃源般的景象。他们拥有的东西很少，却显得那么心满意足。我也想像他们一样！在那个瞬间，我确信，自己能做到。

走到晚上住的小木屋后，我开始放声大哭，妈妈则抱住了我。当突如其来的幸福让我们感到不知所措的时候，我和彼得都会掉眼泪。我站在小木屋里，任泪水倾泻而下，妈妈则紧紧抱着我。那一刻，我觉得很幸福，很有力量。我觉得自己太幸运了，竟然能拥有这一切。

我、波利和劳伦计划第二年去攀登乞力马扎罗山，这是波利在我12岁那年就答应的。这让我很紧张，但我会有我认识的最坚强的两位女士为伴。现在已经20岁的劳伦是一位出色的运动员，曾进入奥林匹克足球预备队。她也是我最有力的支持者。有一回，她在上完我的动感单车课以后，偶然听见一个女人抱怨说，她在课上试图引起我的注意，我熟视无睹。劳伦马上冲了过去，向她解释了我的病情，并毫不含糊地告诉她，如果她需要我的帮助，只要大声说出来就行了。她知道，我最讨厌的就是被人误解，我希望大家在我的课上都觉得轻松自在，不觉得受到排斥。我毫不怀疑，跟劳伦和波利一起，我肯定能爬上乞力马扎罗山的顶峰。

43

每年2月4日，也就是我和丹尼尔的生日，我总会在大家唱生日歌的时候拼命想出一个愿望来，好在吹蜡烛的时候许下愿望。小时候，我希望得到椰菜娃娃。爸爸妈妈分开后，我希望他们能破镜重圆。上高中的时候，我希望能和科迪结婚，和他永远在一起。过去的12年里，我许下的一直是同样的愿望。吹蜡烛之前，我会默念“希望丹尼尔能好起来”或者“希望丹尼尔能过上他想要的生活”。到目前为止，这个愿望还没有实现。我一直在努力想别的愿望，但每年只有一次许愿的机会，我可不想浪费，而这正是我最想要的东西。我每年都许同样的愿，说不定愿望能成真呢。多年来，丹尼尔试过很多种不同的药物和疗法，但不管吃了多少药，付出多少努力，他的病情都没有丝毫好转。他用尽了一切方法，从最普通的疗法到副作用最大的药物，都无济于事。在我看来，这种病似乎是无药可救的，没有什么东西能帮助他。我一次又一次地为他心碎。

他经常练瑜伽，也试过冥想，做过针灸，希望自己能好起来。丹尼尔是我认识的最聪明的人，我无法想象他清醒时的感觉，因为他知道无法控制自己的心智。他的情绪有时极度亢奋，有时无比低落。后来，他决定去秘鲁旅行，到亚马孙丛林来一次心灵之旅，参加由萨满巫师主持的土著仪式，喝下死藤水。那是一种从亚马孙植物的叶子里提取出来的强力致幻剂，几个世纪以来一直被当地土著人视为灵丹妙药。丹尼尔下定决心要去。当我们意识到无法阻止他的时候，爸爸决定陪他一起去。

尽管我很难接受这种另类“疗法”，但我理解丹尼尔想找到特效药的迫切心情。人们不断告诉我，最近出现了能帮助我的新药物、新疗法或是新的自然疗法，但我通常会持怀疑态度。如果真的出现了靠谱的治疗方法，我会听说的。当丹尼尔决定去秘鲁的时候，直觉告诉我，对丹尼尔这样身体虚弱的人来说，这不是什么好事。但当时，我能做的事只有无条件支持他。

起初，他们发来的电子邮件相当乐观。我开始想，丹尼尔或许会好起来的。我想象，他可能找到了新的文化和新的朋友，或许走出自己的狭小世界对他来说是件好事。第一次死藤水仪式结束后，爸爸给我发了封邮件，说他感觉更像是“过去的丹”了。

然而，丹尼尔在最后一次仪式上出了问题，陷入了长达4小时的抽泣和颤抖。尽管如此，他仍然觉得死藤水管用，帮他赶走了恶魔。他觉得，如果能多待一阵子，多喝一点死藤水，自己会慢慢好起来的。想到丹尼尔经历了这么多痛苦，只是为了让自己好起来，我简直痛不欲生。爸爸通过电子邮件告诉我们，丹尼尔现在很怕独处，即使是单独待一分钟也不行。他提醒我们，我们可能看不到“过去的丹”了。

“过去的丹”是我们家的人常用的一个说法，我们都这么说。但我终于意识到，我们必须停止这么说了，因为它让我们相信，丹尼尔有可能变回过去的样子。其实，他恢复的概率并不比我大多少。不过，两者有很大的区别：虽然我的听力和视力都衰退得很厉害，但这并不能改变我的个性。丹尼尔聪慧的大脑不受自己的控制，这要比我的情况可怕得多。

收到爸爸的电子邮件后，我马上订了去旧金山的机票。我的航班抵达旧金山机场的时间，只比他们从秘鲁回来的时间晚一个小时。我知道，丹尼尔需要我的陪伴。看到他并拥抱他之后，我可以看出，他根本不是“没有问题”。他的眼神惊恐万状，他在我怀里不停地颤抖。我在旧金山待了一个星期，始终不离他的左右。每天晚上，我都睡他旁边，睡在多年前我意外坠落后休养恢复的客房里。他会紧紧抓着我，就像我是他的救生筏一样。他每次只能睡一个小时，甚至不到一个小时，就会惊醒过来。我一直戴着助听器，免得听不见他喊人。我出色的兄弟！我的宝贝丹尼尔！我的双胞胎哥哥！我会为了保护他不惜一切，他也会为了保护我不惜一切，但我们在对方的病情面前都显得那么无力。

最近，有人给我发了一段双胞胎在水中分娩的视频。刚生下来的时候，他们就那么悬浮在水中，还没有睁开眼睛，没有意识到周围环境的变化。他们还像在妈妈子宫里一样蜷缩着，身体彼此缠绕，互相依偎，就像没有对方就没法活下去一样。我和丹尼尔也有着同样的联系。我不禁会想，我应该多帮他一些。我们抱成一团度过了漫长的9个月，他才是我的初恋情人！我们一直保持着出生前的那种状态，我们之间有着难以解释的神秘联系。如果我和丹尼尔同时在家，我们还是会睡同一张床，这对我们来说是那么自然。我一直觉得，这是因为在其他人介入之前，我们在妈妈肚子里共度了那么多时光。想到自己安全地躺在丹尼尔身边，我会觉得非常安心，非常平静。

◆ ◆ ◆ ◆

其他暂且不论，带着残疾生活确实很累。与众不同会让人感到孤独。我的病非常罕见，我哥哥的病也是。有讽刺意味的是，他的病避免了爸爸妈妈把所有的精力都用来担心我。丹尼尔是不是比我更容易恢复？人们似乎认为身体上的残疾和精神上的障碍是毫无联系的。

我和丹尼尔同样不顾一切地想帮助对方，我们心中都充满了幸存者式的愧疚。我知道，他大部分时间都不明白，他其实比我更虚弱，更需要帮助。我绝不愿意和他交换位置。他不顾一切地想帮助我，打电话来向我道歉，跟我说他的下一个赚钱计划。他说赚了钱就能给我配汽车和司机，就能好好照顾我，让我得到需要的一切了。

从某些方面来看，我和丹尼尔的处境很相似，除了我由于努力过上正常生活而备受赞扬外，他的病则被视为一场给家里带来巨大情感和经济负担的悲剧。他意识到了这一点，而且感觉很糟糕。我很幸运，从小就了解了很多信息，知道自己未来要面对什么，而且提前做好了准备。爸爸妈妈早早就让我接触了盲人群体和支援团体，我也学会了如何在学校里和生活中捍卫自己的权益，获得自己需要的东西。我还学会了很多自助技能，等视力和听力变得更糟糕的时候会用得上。我能自己和医生约时间，去看听力矫正专家，接受自己需要的培训。我还决定学习手语，融入聋人群体。

丹尼尔从来没有学过这些技能。从小到大，丹尼尔一直出类拔萃，做什么事驾轻就熟。他不爱炫耀，也不自高自大，因为他不需要这么做。几年后，他却因为一种自己无法理解的疾病，突如其来地失去了一切。我简直无法想象他遭受的毁灭性打击。人们都对他抱有很高的期待，没有人会对他取得成功感到惊讶，而我取得的每个成就都会被视为奇迹。

丹尼尔很需要帮助。我得到了残疾人服务项目的鼎力协助，丹尼尔的经历则完全不同。他接受过很多医生的诊断，尝试过几十种不同的药物，但这些药不是毫无疗效，就是有可怕的副作用。因此，丹尼尔越来越不信任别人提供的东西了。和我不一样，丹尼尔病倒后，没有残疾人服务项目提供帮助。精神疾病不但会扭曲你对世界的看法，还会改变世界对待你的方式。当我们看见肢体残障人士的时候，我们通常会提供帮助，为这个人感到惋惜，或更加珍惜自己拥有的东西。但大多数人看到精神病患者的时候，第一反应却是避开他。这会让他感到更加孤立无援。

我认为丹尼尔的路比我更难走，因为他的大脑每天都在和自己作战，力争夺回他与生俱来的智慧。他觉得大脑背叛了自己，还得带着对未来的恐惧和焦虑活下去。尽管我的视力和听力都在衰退，但我能过上快乐而有意义的生活。我能直面未来可能出现的情况，还有很多人在帮助我，他们都是我的依靠。而丹尼尔没有任何人能依靠，他很多事都做不了。

我不可能不意识到我和丹尼尔不同的处境，不可能不意识到这件事多有讽刺意味。他不明白自己有健康的身体，有健全的视力和听力，是件多么幸运的事。有时候，我会为此感到沮丧。不过，我有时候也会落入同样的陷阱，觉得精神疾病没什么大不了的，和身体上的残疾根本比不了。但事实并不是这样的。

丹尼尔现在住在圣地亚哥，大多数时间都住在车里。那已经是他的第四辆车了，因为他很少离开车子，而且过去的几年里总在路上开着，不断从圣地亚哥开往洛杉矶，再开回去。他每天都给我打电话，讲自己的金点子，车轱辘话来回说。尽管我的听力不好，他的语速很快，而且总是很小声，但这些都不要紧，因为他总在说同样的事，描述同样的计划，但从来没有真正去做。他会喋喋不休地说他想赚钱，这样就能好好照顾我了。他在情绪最低落的时候告诉我，他之所以没有选择自我了断，唯一的理由就是他知道家人有多爱他。有些时候我会很害怕，当我的乌瑟尔综合征不断加剧的时候，我担心自己以后不能多陪陪他了。丹尼尔躲过了我的遗传缺陷，我则躲过了他的，而他的要比我的可怕得多。我不是最让爸爸妈妈心碎的那个孩子，我才是幸运儿。丹尼尔打电话过来的时候，我会感到恼怒、伤心和愧疚，但也能感觉到和“初恋情人”之间那种深刻而紧密的联系。

44

这么多年来，人们一直告诉我这一天会来临，但我始终没有接受这个事实——我得拄盲杖了。拄着这个东西，就像在向全世界宣布：“快看我！我瞎了！”人们不会意识到视力障碍有不同的程度。他们看见你拄着盲杖，就会觉得你是盲人。我确定，如果我不是这么了解失明的不同阶段，我也会这么想。

几年前，第一次独自拄着盲杖出门练习的时候，我虽然无比好奇，但也非常恐惧。我深吸一口气，踩上了人行道。我迅速左右扫视了一番，确保旁边没有其他人。当时天已经黑了，我暂时是独自一人。我一节一节地展开盲杖，把它们组成完整的一根。咔嚓，咔嚓，咔嚓，就跟卷尺缩回去的速度一样快。盲杖顶端有一个发光的红点，如果陌生人质疑我为什么大晚上在公寓楼前走来走去，看到这个就会恍然大悟。

刚开始，情况并没有那么糟糕。我尽量把盲杖压低，免得自己看见。我多年前接受过系统的训练，但后来再也没有练习过，所以我得努力回忆之前学过的东西。两点式触地法，左点一下，右点一下，左点一下，右点一下……持续触地，左右滑动，多次触地，防卫技巧，前臂上侧，前臂下侧。我真后悔之前没有认真听讲。当时，我已经融入了聋人群体，也爱上了打手语时那种轻松自在的感觉，但我从来没有像应对视力问题时这么拼命。

当我终于下定决心学用盲杖的时候，我去请了一位教练。她叫妮可，是个嗓门儿很大、直言不讳、非常自豪的女同性恋，对挡道的人一点儿都不会嘴下留情。我们会一起出门，去街上练习。如果说我一个人拿着盲杖还不够引人注目的话，我身边还有这么一位不顾礼仪、毫无耐心、大喊大叫的女教练呢。尽管如此（也可能正是因为如此），我还是很喜欢她。要真正了解盲人文化，我还需要花上一段时间。就像聋人群体一样，盲人群体也有自己的特点。聋人说话的时候特别戏剧化，表情和手势都很夸张。对视力健全的人来说，盲人说话的声音有时会让人觉得尴尬。但当你看不见东西的时候，你完全是靠声音来传达信息的。我觉得视力有障碍的人似乎特别爱触碰别人，但这是因为触摸对他们来说特别重要。虽然你不能直视别人的眼睛，别人也无法直视你的眼睛，但指尖就是你的眼睛，把手搁在对方的胳膊上就是在对他微笑。

妮可对我很有耐心。我知道自己不是个容易教的学生，因为我把注意力都放在盲杖上了，很难再分出一半来听声音。此外，我还得学会一心两用。但她明白，我面临的是双重障碍。她为我投入了全部精力。而且，我敢肯定，当我犯错的时候，她肯定是睁一眼闭一眼，没有特别难为我。

妮可离开的时候叫我每天都要练习用盲杖。几周后，她打电话来问我练得怎么样了。我确实把盲杖派上了用场。事实证明，盲杖是一件理想的工具。有了它，我不用离开沙发就能够到奥利弗的玩具了。她问我有没有定期练习。当天早上我还用它捡了苏菲的长颈鹿玩具，所以，我信誓旦旦地向她保证，我已经用得很顺手了。

头一次晚上独自出门练习的时候，我努力回忆了之前学过的东西，把注意力都放在了手头的任务上。我走到斑马线附近的时候，有一辆车停在那里等红灯。我在街角停了下来，希望他赶紧开过去，这样我就能慢慢走，尽量不吸引别人的注意了。但他一直停在那里，等我先过去。我拗不过他，只好先过了马路。走在斑马线上，我突然觉得很想哭，因为我发现司机在盯着我看。尽管我正在学习独立行走，希望这样能获得更多的自由，但我很讨厌被人盯着看。好不容易走到了街对面，我的眼泪已经止不住了。然后，我就真的什么都看不见了。那辆车一开走，我马上冲回路对面，回到公寓里，痛痛快快地哭了一场。我讨厌这种感觉，更讨厌这个事实——从未来的某一天开始，我的余生都要这么度过。

现在，多年以后，我晚上真的得用盲杖了。我提醒自己，白天我还能做自己想做的事。尽管情况变得越来越糟糕了，但我还是告诉自己，我是个幸运儿。我30岁了，医生本以为我到这个岁数已经彻底失明了呢！但这种自我安慰一点儿用也没有。这比我本该从高中就开始戴的助听器还糟糕，因为我可以把助听器摘下来，到万不得已再戴上，或者用长发遮住它们，把自己的残疾掩盖起来。但盲杖根本藏不住！它就像挂在我胸前的巨型条幅！

我站在路边，真希望卡罗琳、彼得或妈妈能挽住我的胳膊，陪我一起往前走。但我提醒自己，练习用盲杖就是为了他们不在的时候能独立出行。但这种自我安慰同样一点儿用也没有。所以，我再次深吸一口气，走到人行道上，展开盲杖，回忆从第一次尝试至今遇到的每一次挑战。我希望这次能容易一些，希望自己在这些年里学习、体验、获得和失去的东西有助于我接受事实，直面挑战。但事实并非如此。不过，这一次我别无选择，只能大步向前，走在当下，走向未来。我挺直脊梁，咽下泪水，先迈一步，再迈一步，在人行道上一步步向前走去。

45

几年前的一个圣诞节，我跟着卡罗琳回了她爸爸妈妈家。她爸爸妈妈住在东汉普顿，我已经等不及要见他们了。我很喜欢卡罗琳的爸爸妈妈，他们已经成了我生活中不可分割的一部分，就像我的家人一样。彼得甚至会在母亲节给卡罗琳的妈妈打电话。

对他们来说，圣诞节是个非常重要的节日。卡罗琳喋喋不休地告诉我卡乔尔家的节日气氛有多浓。每年一过完感恩节，她家就会竖起圣诞树，接下来就是圣诞狂欢了。卡罗琳给我描述过她家所有的圣诞庆祝活动，所以我知道接下来可能发生什么事。但我没有想到，会有一整个“冬季乐园”（她的原话）在等待我们。她特别激动地想和我分享卡乔尔家的“圣诞魔法”（也是她的原话）。离圣诞节还有几天，她就来海伦·凯勒国家中心接我了。我刚刚度过了超级郁闷的一天，和一位听力矫正专家、一位验光师、一位运动教练和一位计算机技术辅助教练见了面。不管是出于什么原因，他们每个人都情绪低落。过节似乎会让一些人开心，让另一些人郁闷。卡罗琳绝对属于前一种。刚坐上车，我就被她的兴奋之情感染了，因为她往车载音响里塞了一张专为这次旅行刻的圣诞光盘，还用特别搞笑的方式跟着唱。我也唱了起来。但车子才开出5分钟，我就摘下助听器呼呼大睡了，因为刚做完的测试和训练实在是太累人了。等我醒过来的时候，我们离卡罗琳家只有几个街区了。她已经按捺不住激动的心情，就差从座位上蹦起来了。

我们快开到屋门口的时候，我突然明白她为什么会这么大惊小怪了。天哪，他们过节真是隆重！有3个可爱的雪人在屋前的台阶上等着我们。我们一走近，它们就开始又唱又跳。显然，它们身上的传感器非常敏感。无论是路上开过的汽车，还是穿过院子的浣熊，都能让它们唱起歌来。我是屋里唯一不会大半夜被雪人吵醒的人。

卡罗琳的爸爸拉里负责室外装饰。门廊上挂满了白色灯泡、金属丝和红色蝴蝶结，还放着第4个感应雪人。它名叫汤米，高2英尺，毛茸茸的，站在门口招呼客人："快进来，快进来，屋里可暖和了！"雪人汤米还是个很棒的啦啦队员。当客人准备离开，或者站在门廊上，或者走得比较近的时候，它都会喊起口号来。每当这个时候，我才能深刻体会到，自己的"耳朵"能关掉是多么幸运。

她妈妈苏珊负责室内装潢——漂亮的圣诞树、美妙的圣诞音乐、可爱的小雪球和精美的长筒袜。壁炉里火光熊熊，壁炉架上摆满了有趣的装饰品，洗手间里放着薄荷味的香皂和圣诞图案的毛巾。屋里的每个钉子、每只挂钩、每根栏杆上，不是挂着姜饼小人，就是拴着圣诞老人、雪橇和驯鹿的玩偶。我不由得爱上了它们。餐桌上摆着很多香蕉面包，那是我最爱吃的，也是专门为我烤的。卡罗琳把卧室让给了我，自己睡客房，因为她的卧室离洗手间更近。这样，如果我半夜要上洗手间的话，就不用下一段很陡的楼梯了。

他们张开双臂欢迎我进入这个小小的"冬季乐园"——这个本来是为一家三口设计的地方。我想尽自己所能给他们帮帮忙，让他们不后悔邀我来过节。他们一家人一直关系紧密。卡罗琳是家里唯一的孩子，和爸爸妈妈的感情特别好。虽说卡罗琳是我最好的朋友，虽说我不该多想，但我还是觉得自己应该做点儿什么，才有资格待在这儿。瑞贝卡真是太幸运了，有出色的卡罗琳给她帮忙，帮她寻找弄丢的东西，在嘈杂的地方给她打手语，在黑暗的地方帮她找方向，把她带回自己温暖的家里，和她分享自己最爱的节日，甚至让出了自己的卧室。

所以，我每次一吃完饭就跳起来，帮忙收拾桌子和洗碗。圣诞节那天，我打破了一只碗。虽然每个人都向我保证，这没什么大不了的，但我还是觉得特别难受。因此，当我们吃完圣诞大餐后，卡罗琳的妈妈递来盘子让我擦干的时候，我格外小心。不过，我还是把它弄掉了。它从我手里滑了出去，掉在地板上，摔成了碎片。它掉在地上发出的巨响把我吓了一大跳。我愣了好几秒，然后就像做了错事的笨孩子一样，跑进洗手间哭了起来。我觉得自己这么做实在太没礼貌了，但我就是停不下来。他们真的希望我待在这里吗？他们是不是只是可怜我？先砸了碗，又摔了盘子？贝基，快醒醒！那可能是他们的传家宝，是一代一代传下来的，每年只在圣诞节才拿出来，我却把它毁了！

苏珊跟着我走了过来。她站得离我如此之近，我几乎看不见她的脸。但我知道，她这么做是为了让我听清她说的每一个字。“贝基，”她用了我爸爸妈妈喊我的小名，“你要知道，对我们来说，你比柜子里所有的瓷器都珍贵。”我试着停止哭泣，不再像个孩子一样。我试着去相信，这个善良大度的女人真是这么想的。但我真正想做的却是一头扎进她怀里，好好哭上一场，问她为什么我总需要别人帮忙，为什么我不能帮助别人。我一直想做的事就是帮助别人，这会让我特别开心。但我只是站在那里，点了点头，试着安慰她，不想让她因为我做错了事而难受。是的，我在一天里做错了两件事。

◆ ◆ ◆ ◆

感谢老天让我和卡罗琳找到了彼此，我为此感激不尽！但我有时候会忘记，她对此的感激和我不相上下。所以，只要苏珊看见我对卡罗琳说谢谢（我每天都要说上无数次），感谢她帮我找到了某件东西，她就会走过来，坐在我旁边，把手搁在我的手上，把脸贴近我的脸庞，好让我听清她说的每一个字。她用二年级老师那种坚定而冷静的声音告诉我，我让卡罗琳的生活有了多大的改变。

她告诉我，在遇见我之前，卡罗琳一点儿也不自信，不确定自己想过什么样的生活。她一直躲在一堵厚厚的墙后面，这堵墙把她和整个世界隔开了。认识我之后，她有了信心，想要做动感单车教练了。我的鼓励也让她鼓足了勇气申请读研。现在，她成了一名社会工作者。这份工作很适合她，因为她和我一样，也喜欢帮助别人。

卡罗琳和她妈妈告诉我，是我把她带回了现实世界。她们还给我讲了一个故事。有一天，卡罗琳的爸爸兴高采烈地回到家，他刚刚把卡罗琳送到了回城的公车站。卡罗琳是去汉普顿上动感单车课的，这会儿刚刚下课，准备坐公车回家。通常，卡罗琳都会懒懒地蜷在爸爸的车里，等公交车到站了，再在最后一分钟跳上车。但在遇见我之后，等公车开过来的时候，她看见我也在等公车，就急忙跑来喊我。她告诉爸爸，我是个好人，他可以先走了。乘车回市区的路上，我们一直在聊天。这是件微不足道的小事，但对她的爸爸妈妈来说却是一次重大胜利。

我很难想象他们描述的那个卡罗琳。虽然我知道她有种种问题，比如抑郁症、饮食失调、喜欢一个人待着，但我还是很难把这些和我风趣幽默、积极外向、动力十足的好友联系到一起。尽管我对她的帮助没有她对我的帮助那么显而易见，从日常小事中不那么容易看出来，但我知道是自己促成了这种改变。这彻底扭转了我对自己的认识。她妈妈告诉我："卡罗琳帮助了你，没错，但你也给了她信心，让她敢于克服障碍，直面挑战。过去的她永远都不会去面对那些挑战。我和她爸爸都会一辈子感激你。永远不要低估你做过的好事。"

我说不出这些话对我有多么重要的意义。对每个人来说，得到别人的认可和赞赏都是幸福生活的重要组成部分。别人的认可和赞赏会让我们感觉良好，因为这些话在提醒我们，我们的存在是有意义的。

对很多人来说，听见"谢谢你，我的好妈妈"或者"你真是我的好朋友"这样的话都有重要的意义。所以，我把盘子的事抛在了脑后，被这个家的浓浓爱意包围住了。他们已经成了我的家人。

但直到今天，我还是会觉得离装瓷器的柜子越远越好。

46

我12岁的时候，眼科医生告诉我爸爸妈妈，我长到20岁会需要导盲犬。现在，我没有导盲犬，只有奥利弗。

导盲犬是一种训练有素的小动物，是在经过严格的培养和测试后精心挑选出来的。我选了奥利弗，因为它是我见过的最可爱的小东西。如果不是有卡罗琳，我怀疑它会把我家弄得乌烟瘴气的。导盲犬很聪明，很听话。奥利弗也很聪明，但我觉得用“诡计多端”来形容它会更贴切。

◆ ◆ ◆ ◆

2010年12月，我去了加州。波利提议给我买只小狗，让它陪我过节。

这可把我开心坏了。我们家的人都喜欢狗，我从小到大家里养过很多只金毛猎犬——布兰迪、丘比、明星、伦纳。我还记得它们每一只的气味，还有它们不同的眼神、脑袋形状和走路方式。丘比一直是我最喜欢的。它不是最聪明的狗狗，却是最温柔、最善良的。它们每一只都有独特的个性和癖好，但都有一颗纯洁的心，也像其他狗狗一样渴望爱与被爱。我很怀念那种忠贞不渝、无怨无悔的爱。狗狗根本不在乎你看不看得到、听不听得见，也不在乎你长得好不好看，身体有没有残疾。它们只是想爱你，并接受你的爱。

尽管我有一群好朋友，心理治疗工作很繁忙，偶尔要去教动感单车课，时不时还要和人约个会，但我一直觉得很寂寞。随着视力和听力不断衰退，我变得越来越紧张。我不喜欢一个人回到空荡荡的公寓里，但又想独立，不想找室友。最好的解决方法就是养只狗。一只训练有素的小狗可以成为我的好伙伴。它可以陪在我身边，我想玩的时候可以陪我玩，陌生人靠近或危机迫近的时候还可以大叫示警。

我早就想好要养哪种狗了。几个月前的一个下午，在教完动感单车课回家的路上，我看见一个女人带着两个小孩，其中一个小孩牵着一只小狗。我是那种看见狗就走不动路的人，明知道狗主人想继续往前走，我还是会忍不住去摸狗狗的脑袋，和它们玩上一小会儿。低下头看那只狗的时候，我简直不敢相信自己的眼睛。它看起来活像一只泰迪熊！我朝他们咧嘴笑了笑，他们也朝我笑了笑。我往前走了4个街区，心里一直惦记着那只狗。最后，我对自己说："我得弄一只那样的狗！"于是，我马上转过身，用最快的速度跑了回去，好不容易找到了那家人。我气喘吁吁地向他们道歉，说我不是故意要跟踪他们的，只想问问这只可爱的小家伙是从哪儿买的。那个妈妈给我介绍了印第安纳州的一位迷你金贵犬饲养员。与此同时，小泰迪（这个名字简直不能更贴切了）非常热情地和我打招呼，萌得我心都要化了。回到家后，我在那位饲养员的网站上足足看了一个小时，认真浏览了所有的照片，仔细阅读了饲养相关的信息。

当时纽约还没有几个人养泰迪，所以我对它们一无所知。但我很快就了解到，这种狗很听话，不爱掉毛，是金毛猎犬和迷你贵宾犬的杂交品种，所以有毛茸茸的可爱卷毛。它们会让我想起动画片里的小木偶。我认定，这就是我想要的狗狗。

当我决定养奥利弗的时候，几乎每个人都告诉我，这不是个好主意。为什么我不养导盲犬呢？我说自己暂时还没资格养导盲犬。他们都问我，如果我在养奥利弗期间突然需要导盲犬了怎么办。我当时和现在的回答都是："船到桥头自然直。"我到底适不适合养狗？我要怎么训练它？晚上要怎么带它出去遛弯儿？我没有想太多，觉得一切都会慢慢走入正轨的。

我和卡罗琳都知道，它会成为我俩共同的宠物。好吧，或许只有我知道这一点。起初，卡罗琳拒绝养小狗。她觉得我们俩工作都太忙了，没有那么多时间照顾小狗。我敢肯定，她也怀疑过，所有繁重的工作最后可能都会落到她肩上。我向她保证，绝对不会出这种事。随着狗窝、狗笼、狗玩具、狗沙发和小狗可能用到的东西陆续搬进家，当我把一个又一个可爱的狗玩具捏得吱吱作响时，我能从她扬起的眉毛和翻着的白眼看出，她也很兴奋。

去机场接奥利弗的那一天终于来了。那天下着史无前例的暴风雪，我和朋友乔恩一起开车去机场，一路上我都激动得坐立不安。“贝基，冷静点儿。”他告诫我。他很费劲才能看清前面的路，因为车窗外是狂风暴雪，车里面则有我跳上跳下，问什么时候才能到机场。那个时候，我时而像惹人烦的熊孩子，时而像马上要生孩子的孕妇。

我迫不及待地想见到刚刚8周大的它。我知道，由于暴风雪的缘故，它在机场滞留了很久。等到航班降落的时候，它已经在机舱里足足待了12个小时。车子刚开到机场，我就马上跳下了车。外面的风实在太大了，我刚眯起眼睛想看看外面，车门就“砰”的一声被吹上了。到了货运中心，我们看见很多人都站在大门前，等着自己的狗狗。即使是站在大房间的另一端，我也能清楚地听见某只小狗连续不断的叫声。不知怎么的，我就是知道，那一定是我的狗。我转过身，看了乔恩一眼，他冲我点了点头。是的，他也知道。

他们一打开大门，我就冲了进去。循着叫声，我很快就找到了它的板条箱。我弯下腰去看它。那是一团金色的小毛球，一直叫个不停。我一打开箱子，它就扑进了我怀里，拼命舔我的脸，为能逃出生天而兴奋不已。它是那么迷你，刚好被我捧在手心里。它身上又是屎又是尿，还缠着不少箱子里的碎纸，就像个臭烘烘、会蠕动的半成品纸模型。但它又是那么完美，那么可爱。直到那之前，我还没有给它取好名字。但从看到它的第一眼，我就知道它叫奥利弗。全名：奥利维亚·塔克·亚历山大。永远的绰号：小皮猴。

我们用毛巾包着它，赶紧冲回车里。我顶着凛冽的寒风和大雪往停车场走的时候，一直把它裹在皮大衣里，紧紧贴在我的胸口。我从家过来的时候带了几包芝士条，它坐在我手里狼吞虎咽地吃掉了一整包。车里开着暖风，一直对着它吹，把它颤巍巍的小身体吹热乎了，也把它身上的臭气吹得到处都是。通常情况下，臭味会让我作呕，但这个时候，我的母性本能被唤醒了。这就像是爸爸妈妈给自己的孩子换尿布，一点儿问题都没有，却闻不得别家孩子便便的味道。

我们回到家的时候，卡罗琳已经翘首期待好久了。我刚跨过门槛，她就伸出手来，把我们的小宝贝接了过去。我只想着多跟奥利弗玩一会儿，但卡罗琳只看了它一眼，就坚持要给它洗个澡。我们可不能养个脏孩子！我们都换上了泳衣，我坐在浴缸里，卡罗琳则举着奥利弗，让它踩在浴缸沿上。显然，奥利弗从来没有见过这个样子的水，那双既纠结又惶恐的棕色大眼睛让我更爱它了一些。卡罗琳把它里里外外洗了个干净，然后用毛巾裹了起来。奥利弗一洗完澡就趴在她怀里睡着了。3个小时后，卡罗琳还保持着同一个姿势，盯着奥利弗那完美的小脑袋，还有金色的小卷毛。我知道，奥利弗算是有终生遛狗人、训练师兼保姆了。

我试着从小训练奥利弗，也确实做到了。我把它的板条箱放在床边的椅子上，在里面铺了条小毛巾。我会把助听器摘下来，这样就不会听到它叫唤了。但当时和我约会的男人只要一听到它叫就会带它出去玩。奥利弗学东西学得很快，它马上就知道了，只要叫几声就能得到自己想要的东西。这可不是一个好的开端。

在接下来的几周里，它变得越来越不可理喻。它看到什么都啃，见到什么都扯，我手上到处都是被它咬出来的小伤口。我们努力不让它单独待在屋子里，但它还是在我的公寓里“大闹天宫”，把能看见的东西都咬成了碎片。

我的残疾对训练奥利弗毫无帮助。即使发生了什么事，我也很难注意到。直到闻见臭味，或者被东西绊倒，我才会意识到它又捣乱了。我经常被咬破的拖鞋和被嚼烂的眼镜绊倒，直到脚指头撞上去才发现地毯移位了。只要是没放在高处的东西，都逃不过它尖尖的小牙齿。没过几天，我的公寓就成了彻头彻尾的灾难现场。

幸运的是，尽管奥利弗“天赋过人”，波利还是把它安排进了小狗幼儿园。班上一共有12个学生，那么多汪汪直叫的小狗和给自家宝贝加油的主人，在空旷的室内构成了重重回声，弄得我根本听不清训练师说了什么。卡罗琳成了我的眼睛和耳朵，但一切都发生得太迅速了，她来不及把每句话都通过手语转告我。尽管如此，奥利弗在课上的表现一直特别好，是其他小狗的榜样。老师注意到卡罗琳在给我打手语，就停下来和我们聊了会儿天。她告诉我们，她从法律意义上讲是个盲人。当我告诉她，自己除了听力有缺陷，视力也在逐渐衰退时，她脸上的表情和眼中的疑问是显而易见的。她不用说出来我也知道，她想问，为什么我不养只导盲犬呢？

然而，奥利弗的良好表现仅限于课堂上，仅限于有老师给出指示，有观众可供炫耀的时候。在家里，它可是个不折不扣的大魔头。它那小小的身体里似乎蕴含着无穷的能量。我承认，它是被宠坏了。它很快抛弃了板条箱，开始和我一起睡在床上。我知道每个妈妈都有过这样的经历：不是和宝宝同步入睡，就是得哄宝宝入睡。我和奥利弗总能同时入睡。我的小皮猴白天或许是很调皮，但晚上睡觉的时候真是乖极了。它是你能想象到的最柔软、最温暖、最可爱的小泰迪。

对于既看不见东西也听不见声音，所以总是迟到的人来说，它是个完美的闹钟。我再也不会因为闹钟从枕头下面掉到床底下而睡过头，然后惊恐万状地醒过来，急急忙忙地跳下床，不可避免地一头撞到什么东西上，再抱怨为什么时间总是和自己过不去。我再也不会像白痴一样到处乱转，一边把漱口液吐进洗脸池里，一边拼命把两只不登对的鞋套到脚上，一边打电话给健身房说我上课又要迟到了。不，我现在提前几个小时就会醒过来。我拥有世界上最可靠、最持久的闹钟！

首先，奥利弗很讲策略。如果我们在半夜要换个姿势，小皮猴就会把爪子伸过来，摸一摸往我的哪一边挪比较方便。其次，它还喜欢和我睡成“汤勺”状。它会挤进我怀里，后背贴着我的前胸，然后扭来扭去，直到我用胳膊搂住它，抚摸它的小肚皮。当我睡得迷迷糊糊的时候，它还会用小爪子挠挠我的胳膊，提醒我继续摸。最后，它叫我起床的终极策略，就是充分利用它那温暖、湿润、粗糙的小舌头。它会先沿着我的脸舔上一圈，然后上上下下地舔，直到我彻底清醒过来。如果这还不够的话，它还会使出撒手锏，把湿乎乎的舌头伸进我的耳朵里。这招总会让我从床上一跃而起。我真怀疑到底是我训练它，还是它训练我。

奥利弗对我床上属于它的那块地方极具占有欲。如果卡罗琳或者我妈妈来过夜，它就会挤在我们中间睡，或者躺在我们身上睡。如果其他人来过夜，它就会在我身边挤来挤去，通常还会爬到我身上。有一回，和我约会的男人来家里过夜，我们刚开始滚床单，奥利弗突然走了过来，一屁股坐在了他身上。很显然，它才是一家之主。

令人吃惊的是，奥利弗很快就适应了我和别人不同的地方。和卡罗琳在一起的时候，如果它想出去遛个弯儿，就会呜呜叫唤。但和我在一起的时候，它知道我听不见，就会改用爪子挠。如果我站在可能踩到它的地方，它就会赶紧跳开。在公寓里，它会尽量跟在我后面走，免得被我踩到。如果它的玩具在另一个房间里，或者被卡在了某个东西下面，它就会不停地叫。如果我不去帮它捡，它就会站起来，盯着我，大声叫唤，跑到玩具所在的地方，然后重复这个过程，不管要花上多少时间。它会哼哼得越来越厉害，变得越来越黏人。只要是和我在一起，它总能弄得我心软。但只要卡罗琳一瞪眼，它就会撅起嘴来，乖乖听话。

所以，不，它不是导盲犬。迄今为止，它已经咬坏了价值数千美元的助听器，抓坏了无数的地毯、家具和其他它能碰到的东西。它知道在我身边走路要小心翼翼，也知道在地铁和公交车上该如何表现，但它绝不是只耐心、安静的实验动物，绝不会站在角落里放哨，协助眼盲的主人过马路。然而，它是我收到的最棒的礼物，是我一生的挚爱。

如果我一直等下去，等到需要导盲犬的时候再养狗，或者听了别人的话，相信养狗对我来说太麻烦了，那么我就会错过和奥利弗相伴的无数美妙瞬间。在过去的3年里，它给我带来了那么多的欢笑。它是我的好伙伴，我的小宝贝。我们永远不该放弃自己真正想要的生活。我知道，反正我是做不到。我能感觉到时间在一分一秒流逝，标志就是我的视力和听力在不断衰退，我生活中不可或缺的欢笑在渐渐减少。我在工作和生活中碰见过很多人，他们一直等待“最佳时机”去做自己真正想做的事——生孩子，换工作，结束一段恋情。其实，“最佳时机”就是现在。为什么要等合适的时机再去追求幸福？现在就去吧！

给我未来的丈夫一个小提示，无论你如今身在何方：我现在已经对烛光晚餐没兴趣了。但如果你选个阳光明媚的日子，在到处都是小狗的地方向我求婚，我绝对毫无抵抗力！

47

大多数人都有最喜欢的歌，最喜欢的食物，最喜欢的书。但最喜欢的声音？大概没有吧。

我最喜欢水声。世界上有很多种不同的水声。我喜欢河水流动的声音，也喜欢人一头扎进湖里的声音。从早到晚，海浪的声音都不一样。它的声音在日出时是柔和平静的，午后是充满力量的，日落后是慵懒疲惫的。我喜欢小宝宝在水里快活地扑腾的声音，也喜欢他们看见水从下水道流下去时咯咯的笑声。我还喜欢雨点打在屋顶上、滴在车窗上、落在雨伞上的声音。

对我来说，听力衰退是一种莫大的损失。虽然我还能听见一些声音，但我的耳朵已经无法捕捉微妙的声响。虽然助听器能放大声音，但那些声音听起来很假，更别说是微弱的水声了。我为自己能听见的声音感谢上天，但更希望能听见真实的自然之声，比如水声。我希望能听见海浪拍打我的双脚、奥利弗兴奋不已地扑着水花的声音。

我不知道，如果不是听不见了，我还会不会这么喜欢这些声音。但正是因为听不见，我才学会了用其他方式去欣赏事物。迈进放满热水的浴缸里，感受温暖的蒸汽包围身体；漫步在夏威夷的海滩边，轻嗅鲜花、防晒霜和海盐混合的气味；还有上完动感单车课后，淋浴间的冷水扑在脸上的感觉。

虽然我很想念声响，但我早就学会了爱上寂静。

回想起小时候家里的噪声，回想起自己当时是多么自在时，我惊奇地发现，自己的生活环境和对声音的感觉有了很大的变化。如果我能选择的话，我肯定会选择失聪，而不是失明。

我曾经非常害怕黑暗和寂静。我还记得，节假日去教堂的时候，我和兄弟们会被爸爸妈妈紧紧盯着。我知道自己应该保持安静，但正是因为如此，要做到这一点反而格外困难。只要兄弟们朝我这边瞄上一眼，我就会进入歇斯底里的状态。我会滑下座位，低下头来让长发遮住脸，努力用拳头堵住嘴，防止自己发出声音。当时，我不管怎么努力都无法保持安静，但我喜欢去尝试。在我小时候，静止不动、保持安静是一项不可能完成的任务。

现在，如果无法在需要的时候营造安静的氛围，我肯定会疯掉。如果不能把街上所有的喇叭声、警笛声和其他噪声统统屏蔽掉，我肯定会在马路正中央崩溃的。我能想象自己爬到一辆出租车的顶上，用尽力气大喊：“快闭嘴！太烦了！每个人！都闭嘴！”让我惊讶的是，在这个疯狂而喧闹的城市里住了十几年，我竟然没有见过一个人这么做。

助听器总是放大我不想听的声音，屏蔽或扭曲我想听的声音。它不是制造出令人困惑的噪声，就是让我难以集中注意力。我很感谢助听器，因为它能帮助我保持独立。没有它，我的生活就会大变样，连日常交流都会变得很困难。但助听器真是一件让人爱恨交织的东西。

虽然它很有用，但我总觉得把它摘下来会更好。

我该怎么形容寂静呢？对我来说，它的含义随着时间的推移发生了变化。我把时间和精力都用来享受当下，鼓励身边的人活出精彩。如果我们花太多的时间沉湎过去或担忧未来，就会忘记活着到底意味着什么。而且，我们总是被噪声侵扰，比如电视声、音乐声、手机铃声、短信提示音、聊电话的声音、喇叭声、孩子的尖叫声和咖啡机的轰鸣声。这一切都让我们不是想逃跑，就是想躲起来，也就难以享受当下。

乌瑟尔综合征把寂静当作礼物送给了我。每一次摘下助听器，屏蔽周围的噪声时，我都会仰望苍天，默念“感谢上帝”。我不是狂热的信徒，但如果我是的话，我信仰的一定是“寂静教”。

想象一下，你坐在星巴克里读书、工作或集中精力做某件事，或是品尝刚刚点的咖啡。再想象一下，你身边坐着一群自命不凡、大声嚷嚷的青少年，你可以清楚地听见他们聊天的内容，不是自己的感情挫折，就是学校里的考试成绩。你可能会环顾四周，看还有没有空桌，好换个位置。当然，店里已经没有空桌了。所以，你只能默默期待这些家伙赶紧拿起焦糖拿铁和摩卡星冰乐，赶去下一个聚会场所。与此同时，我就坐在他们另一边的桌子上，摘下助听器，充分享受寂静，根本不关心周围发生的事。无论身在何处，我都能独享时光，没有人能打扰我。我可以专注于手头的工作或正在读的书，享受大多数人渴望而不可求的寂静。

似乎很多人都害怕寂静。我们生活的世界似乎永远也不会放慢速度或闭上金口，我们眼前总有那么多信息或娱乐项目可供选择。只要停下来认真看一看，你就会发现，我们很少能享受真正的寂静。很多人都在靠制造噪声来屏蔽自己不想听的声音。或许我应该害怕寂静，但我并不害怕。或许我只是接受了它，意识到了它的宝贵之处。

我也注意到，摘下助听器后，我其他的器官变得更敏感了。拧开水龙头洗脸或冲澡的时候，我只能靠触觉和有限的视力去感受水的温度，体会它划过皮肤的感觉。

我常常听见人们说，他们想进一步了解自己，让自己的身心联系变得更紧密。寂静帮我做到了这一点。它让我更能倾听自己的想法，更能体会身体的感觉。我们都需要寂静，但首先得适应无声的世界。我觉得，大多数人已经离不开噪声了。当没有声音可听，没有东西让你分心，全世界只剩下你和寂静的时候，那会是什么感觉?

为了寻找真正的寂静，有人会不惜任何代价。比如，有些人会参加连续几周不能发出声音的冥想静修。我很幸运，只要摘下助听器就行了。

48

像我这样的残障人士，其实最需要的是韧劲。我说的不是坚强的意志力，也不是对生活的热爱，而是身体的恢复能力。如果你的视力和听力都在迅速衰退，发生大大小小的事故就会成为家常便饭。我撞上过无数的洗碗机、橱柜、抽屉、咖啡桌、房门、树枝和钢条，而且撞上之前完全没有意识到它们的存在。我身上伤痕累累，到处都是青一块紫一块的。我早就不去数身上有多少条伤疤了，也说不清每一处青肿是怎么弄出来的。卡罗琳笑我是个超级英雄，因为我总是全速撞上某件东西，然后不怕疼似的继续往前走。因为我别无选择，只能头也不回地朝前走。

如果你去过纽约，你就知道人行道上的窨井盖有多恐怖。那下面是一道陡峭的楼梯，通往每个纽约人都避之不及的阴暗潮湿的下水道。大人们都警告孩子不要踩井盖，免得有哪个没盖好，一不小心栽下去。难怪萨曼莎在美剧《欲望都市》（*Sex and City*）的某一集里掉进下水道时，每个纽约人都觉得不寒而栗。

艾伦40岁生日那天，我上完动感单车课就赶紧跑去发廊做头发，卡罗琳则去我家照顾奥利弗，准备等我打扮停当再一起去找他。我和艾伦早就不是一对了，也很多年没有约会过了，但我还是希望打扮得漂漂亮亮地出现在他面前。虽然我一直觉得我们俩做朋友更好，但我始终没有接受他和其他女人约会。从这个角度看来，他要比我大度得多。他一直热衷于给我牵线搭桥，希望我能找到合适的另一半。但无论是之前还是之后，我们俩都没有和其他人真正坠入爱河。不管怎么说，我都希望在他的生日派对上显得光彩照人。

但我没有成功。我刚走出发廊，就开始下雨了。在我回家的路上，雨越下越大。因为风实在是太大，我根本撑不住伞，只好把伞用作拐杖，抱怨刚才头发白做了。路上的水洼反射着街边的灯光，害得我眼前一片模糊。我把注意力全用在了看前面的路，根本没发现旁边有个没盖好的窨井。直到一脚踩进去，我才意识到大事不妙。不过，在整个人掉进去之前，我成功用胳膊撑住了井口。我在那里悬了好一阵子，才有力气把自己拉上来。我的胳膊一直很强壮，还被朋友戏称为“奥巴马夫人的胳膊”。当时，我真感谢有它们帮忙。天知道，如果我真的掉下去了，到底会出什么事。

我爬了出来，穿过几个街区，跌跌撞撞地走回了家。我腿上被划了一道长长的口子，流了不少血，所以我一边走一边抹。我办事经常迟到，卡罗琳早就习惯了，但还是会生气。当我终于一瘸一拐地走进公寓后，她在房间里嘟囔了一句“你真是花了不少时间啊”，然后走了出来，准备再冲我吼上两句。让我吃惊的是，卡罗琳这回竟然没发火！但冲镜子里看了一眼，我就知道是为什么了。我的样子像极了凯莉，但不是《欲望都市》里的性感熟女，而是斯蒂芬·金小说里的浴血魔女。我把腿上流的血全抹到了脸上和头发上，那些血又被雨水冲了下来，把我身上的衣服全染红了。

“我差点儿掉进了下水道。”我告诉她，接着哭了起来。卡罗琳一听就知道出了什么事，然后马上镇静了下来。她赶紧扶我坐下，检查我的腿。奥利弗则在我们身边拼命跳上跳下。可惜的是，奥利弗不是那种主人哭的时候会跑到旁边，安慰主人，帮主人舔去泪水的狗狗。相反，它显得又困惑又恼怒，觉得自己没有得到应有的关注。它使尽浑身解数把玩具扔到我腿上，呜呜叫着催我跟它玩，但这一回我们都没理它。卡罗琳仔细检查了我腿上的伤口，发现差一点就伤到骨头了。她让我像正常人一样赶紧去急诊室。但我可不是正常人。

我的伤口疼得要命，流的血多得超乎想象。但那是艾伦的40岁生日，这点小伤可不能阻止我参加好朋友的派对。我们本来就迟到了，而且去纽约的任何一个急诊室都得等上好几个小时。老实说，不就是多一条疤吗？我身上的疤已经多得数不清了，我也早就对它们视而不见了。于是，我们尽可能把血抹掉，处理了一下伤口。卡罗琳像医生一样给我做了彻底的清理，然后用纱布和医用胶布把伤口紧紧包起来。我家里有各种各样的急救用品。无论是烧伤、割伤，还是其他你能想到的意外事故，我都早有准备，因为它们时不时会发生在我身上。

卡罗琳很了解我，没有强迫我去医院。我确定其他人不会这么做的，比如艾伦就会在5分钟内把我推进急诊室。但卡罗琳知道，我无法忍受因为自己的残障错过艾伦的派对。因此，她竭尽所能帮我处理了伤口。我信任她，因为她是我认识的最能干的人。

我把本打算穿的短礼服换成了长裙，尽可能把乱糟糟的头发弄整齐，然后和卡罗琳一起去了艾伦家。尽管我腿上的伤口疼得要命，但我们那天都玩得很开心。我后来也没有去急诊室，反正不就是多了一条疤嘛！

49

我曾是盲人里视力最好、聋人里听力最棒的。我可以帮盲人寻找弄丢的东西，帮聋人打手语解释事情。这么多年来，我一直害怕做听力和视力测试。这些测试的目的只有一个，那就是用图表的形式告诉我，我的视力和听力在衰退。我知道，医生的结论会是：你的听力越来越差，视力也越来越差。你还没有又聋又盲，但离那一天也不远了。现在，我在另一位医生的办公室里，等着做更多的测试，我觉得这一定会是一次失败的测试。尽管对这次测试来说，失败并不一定是件坏事。这次不一样，我不是孤身一人，卡罗琳和艾伦也来了。他们绝不会错过这次测试。

◆ ◆ ◆ ◆

2013年一月，我接到纽约大学朗格尼医学中心的消息，说我可能有资格植入人工耳蜗了。通过手术往耳朵里植入电子设备，可以让耳聋或严重耳背的人重新“听”见声音。不过这种声音是经过数字化处理的，所以听起来和真正的声音很不一样。听到这个消息，我简直惊呆了。过去的5年里，艾伦说服我两次前往西奈半岛的纽约眼耳专科医院，见他知道的最优秀的医生，看我有没有资格做这个手术。但医生两次都告诉我，我还不够资格，尽管我有朝一日可能符合要求，但那也会是很久以后，等我差不多全聋的时候。但在几位同样患有III型乌瑟尔综合征的朋友在纽约大学植入人工耳蜗后，我又去看了医生，想知道自己到底够不够格。

那一直是个非常遥远的梦，我甚至无法想象它会成真。我年轻的时候，人工耳蜗还没有现在这么先进，它们不但体积庞大，戴着也不方便。植入人工耳蜗看起来是那么遥远，和我彻底失明失聪一样遥远。但现在，他们告诉我，我可能真的要聋了。当然，他们还要做更多的测试，进一步了解情况。我面前总是有更多的测试在等着。

我估计，自己花在视力和听力测试上面的时间加起来能有一年，或许还会更多些。但我始终没有释怀，总觉得自己能通过某种方式影响测试结果。我总觉得，如果自己能更集中精力，更努力去试，更竭尽所能，测试结果会变得更好。

◆ ◆ ◆ ◆

听到或许能植入人工耳蜗的消息后，我的第一反应和自己预料得并不一样。艾伦、我爸爸妈妈和其他大多数人都兴奋得不得了。艾伦马上开始研究人工耳蜗的品牌和型号，并开始协调自己的日程，免得和我的第一次测试冲突。没错，我会有属于自己的人工耳蜗了！我会有一只仿生耳朵，以后就能听见声音了！我的听力会好起来！这是别人通常的反应。要知道，我当时还没有接受第一次测试呢。但谁又能责怪他们呢？在局外人看来，这实在是太完美了。谁不想有机会重新听到声音呢？

但卡罗琳一下子就理解了我的感受。我刚打电话和她说完这件事，她马上就跑了过来，问能不能陪我参加第一次测试。她一边听我说话，一边盯着我的表情。

我吓坏了。首先，这意味着要在我头上钻一个洞。在！我！头！上！钻！洞！其次，我这只耳朵再也听不见真正的声音了。具体情况我不清楚，但我知道，妈妈的声音听起来不会像从前一样了。我也知道，如果我确实成了候选人，那就意味着我的听力已经相当糟糕了。其实我早就意识到，我的听力在过去几年里变得越来越糟糕了。我说不清细微的变化，就像我们每天照镜子的时候不会发现自己在变老一样。但我从来没有想过，自己的情况已经糟糕到了有资格植入人工耳蜗。对我来说，植入人工耳蜗现在是比戴助听器更好的选择。虽然我知道有些人手术很成功，生活质量大有提高，但我也知道有些人很讨厌它，因为随着时间的推移，他们并没有适应那些奇怪的噪声，后来再也没有用过它。放弃植入人工耳蜗的大多是天生就耳聋或有重度听力障碍的人。他们难以适应强烈的噪声，干脆决定放弃听力，完全靠手语和人交流。

我知道这些，是因为我的运气比较好，听见过真正的声音。但这并没有减少我的恐惧。

我第一次接受测试的那天寒风呼啸，天冷得不像话。艾伦开车带我去纽约大学朗格尼医学中心的路上，我几乎看不清前面的路。卡罗琳当时在表维医院当社工，只能趁着午休时间跑过来找我们。她在医院大堂里等我们，然后和我们一起上楼去候诊室。艾伦一路上都在兴奋地谈论自己对人工耳蜗的研究成果，给我们解释不同品牌的利弊，卡罗琳则一直盯着我的脸，想知道我现在感觉怎么样。走进候诊室后，我和卡罗琳把厚厚的大衣和鼓鼓囊囊的背包搁在了艾伦旁边的成人座椅上，自己找了一张儿童桌，选了两把更适合幼儿园小朋友坐的椅子，开始摆弄蛋头先生玩偶的耳朵、眼睛和小脚丫。我刚用高礼帽和胡子把蛋头先生打扮好，听力矫正专家就走进来喊了我的名字。

她自我介绍说她叫劳雷尔，然后带着我们穿过大厅，走进了一间标准的听力矫正专家办公室，也就是听音室。

“准备好录下一张专辑了吗，史翠珊女士？”艾伦问。我朝他摆了个最像女歌星的姿势。

劳雷尔给我们介绍了手术的基本步骤，可供选择的不同人工耳蜗，还有手术成功的概率。她拿出一张耳部示意图，先指了指耳蜗，再指了指听觉神经，提到了几次“电极”，然后把图放了回去。反正我就听见了这么多。

“我准备好了，可以开始考试了！”我宣布。尽管我知道自己应该努力去听她们说了什么，但我还是任由那些科学术语左耳进右耳出了。因为我知道，艾伦和卡罗琳（我忠实的耳朵们）正忙着做笔记和提出重要的问题。只要他们在，我根本不用担心。艾伦的相关知识可能已经赶上听力专家了。我相信，他本该做个医生或研究员的。

走进听音室后，接下来就是我早已熟悉的测试了。只要听见蜂鸣声，我就要把手举起来。最开始，我什么都能听见，我会骄傲地把手举得高高的。但后来，我就渐渐听不见了。我可以从计时器看出，自己漏掉了很多东西。接下来，我还得做另一项测试。

第二项测试是辨别词语。录音里的男人会用低沉的声音说出某些词，我需要把自己听见的词说出来。我很讨厌这个测试，因为我总是说不对。不过卡罗琳记下了他说的词，事后告诉了我。当时的情况是这样的：

他说的是“爆米花”，但我听到的更像是“泡花泡花”。所以我耸了耸肩，朝坐在听音室外面盯着我看的劳雷尔傻笑了一下，说我不知道。

“牙刷。”

“牙刷！”

“邮差。”

“有持！”

“热狗。”

“热滴滴狗！”

接下来，我就真的听不清了，只好一顿瞎猜。卡罗琳把我说的话都记了下来，不是因为她必须这么做，而是因为她知道这些东西事后会把我逗乐。不过，我当时一直在忍着不哭出来。

“呃？是‘棉’还是‘烟’？”[①]

“撸，炉，卤，鹿？”

“淤，鱼，羽，育？”

“听起来像是‘雾’或‘露’。”

“‘意粉’或者‘蜜粉’？”

“呃，听起来像‘妈的’，但我觉得你不会给我这个词。不好意思，我说脏话了。”

走出听音室的时候，我试着朝艾伦和卡罗琳微笑，但他们没上当。他们知道，我一出门就会放声大哭。听录音辨别词语实在太难了，通常都是听力矫正专家念给我听的，那就容易多了。我很久没有做这个测试了，知道自己做得不好。等测试结果的时候，我心里一直七上八下的。

我上次做辨别词语测试的时候，是听力矫正专家念给我听的。那一次，我左耳的正确率是74%，右耳是44%。这一回，劳雷尔告诉我，我左耳的正

① 译注：原文是押头韵或押尾韵的英文词，为了突出笑点，此处用了读音相似的中文词代替。下同。

确率是40%，右耳是26%。她解释说，这意味着我很可能有资格植入人工耳蜗了。艾伦看上去激动极了。显然，我测试成绩不好反而是件好事。劳雷尔递给我们三家人工耳蜗制造公司的宣传材料，上面配的图全是微笑的孩子和他们的家人，还有一份10页长的调查问卷。雪上加霜的是，问卷上的字体还特别小！真是棒极了！

回到家后，艾伦开始把上面的问题念给我听，但他没念几页我就累了。折腾这一天可把我累惨了，要集中注意力实在是太难了。我知道，反正他们也能回答大部分问题。所以，我干脆放手让他们去填，自己舒舒服服地蜷在沙发上，奥利弗则趴在我的肚子上。有两个热心的好朋友真棒！他们要帮我填一份长达10页的问卷，上面密密麻麻的全是蝇头小字！医生想知道的问题包括：

· 你的耳鸣会引起家庭问题吗？

· 用从1到100打分，你的耳鸣可以打几分？

……

我肯定是睡着了一小会儿，因为我是被他们的笑声惊醒的。他们已经无聊到开始自己编题目了。

· 你的耳鸣会在晚上把被子抢走吗？

· 你的耳鸣会忘记把马桶圈抬起来吗？

· 你的耳鸣会直接凑着盒子喝牛奶吗？

◆ ◆ ◆ ◆

一周后，我去做了电脑断层扫描。几周后，我接到了电话——我现在够资格做手术了。

50

J.托马斯·罗兰先生是纽约大学朗格尼医学中心的耳鼻喉科主任，他将为我做人工耳蜗植入手术。他浑身上下气场十足，让人心甘情愿被他在脑袋上钻个洞。当我坐在他的办公室里，他给我解释手术过程的时候，如果我不是那么害怕，他那冷静低沉的声音和厚实稳定的大手本该让我放下心来的。艾伦和彼得坐在我旁边，和我一起听他介绍情况。他们俩都听得如痴如醉，频频点头，我则静静地坐着，紧紧抓着椅子的扶手。只有在特别害怕的时候，我才会这么安静。

罗兰博士告诉我们，他会在我耳朵后面开个口子，然后在我的颅骨表面钻个小洞，把人工耳蜗安在我的头皮下面。植入物差不多有一块银币那么大，通过一条细金属丝与我耳内的电极相连，这些电极缠绕着我小小的耳蜗，不过我耳蜗里面大部分的毛细胞都已经死掉了。乌瑟尔综合征几乎杀死了所有的毛细胞。在正常的耳朵里，成千上万的毛细胞会把声音转换成电子脉冲，通过听觉神经传向大脑。

手术完成后，我会得到配套的外部装备，接收人工耳蜗传来的信号。我会戴上一个圆形的耳机，它将通过磁铁固定在人工耳蜗植入的位置。耳机和声音处理器相连，把外界的声音传进我的脑袋里。我的右耳基本只能做装饰了，因为深入我内耳的电极将接管所剩无几的毛细胞要做的工作。

尽管我右耳的听力已经越来越差了，但我还是欣慰地得知，如果炸弹在身边爆炸，我还是有可能听见的。耳蜗是个极其精密的器官，即便罗兰博士是一位非常出色的医生，一旦他把电极缠在耳蜗上，我所剩无几的毛细胞也可能全部死掉。这样一来，我的右耳就会变成彻底的人造仿生耳。他解释说，科技发展使我能保存内耳功能，手术和恢复的过程都很简单，只需一天左右我就能出院。显然，我的听觉神经没问题。我是个理想的病人，因为我几十年来一直能听见声音，重新学听电子音会很快。这就意味着，我很快就能听懂那些声音的意思，很快就能听见多年没有听过的声音了。他自信满满地告诉我，这个奇迹将在几天或几周内发生，而且随着时间的推移，我的听力会变得越来越好。

他告诉我们，尽管现在别人说的话我只能听清不到25%，但做完手术以后，这个数字最终会升到85%或90%，甚至更高。他还说，使用人工耳蜗3个月后，85%～90%的患者都说耳鸣得到了抑制。我默默祈祷，请别让我成为少数派！就这一次！

这就是他和我们说的。艾伦、彼得和我们后来告诉的每个人都开心得不得了。

但我听到的是：我们要在你头上钻一个大洞。我可不想被人在头上钻个洞！我还记得意外坠落后自己做过的每一次手术，一点儿也不想再经历那些疼痛、麻醉和恢复过程。我明白这只是一次小手术，恢复时间也会短得多，但我从情感上还是接受不了。他们要把一个东西放进我的脑袋里，那个东西大得我都能摸到！我能从外面摸到它，感觉到它趴在我的皮肤下面。从外面看，把人工耳蜗和声音传感器连在一起的耳机是通过磁力吸在我脑袋上的，就像冰箱上的磁力贴一样。我脑中闪过了一个疑问：不知道冰箱贴能不能吸在我的脑袋上。我知道，我和卡罗琳肯定会去试试看。

如果说大家之前只是兴奋，那么现在已经发展到了狂热的地步。消息很快就传开了，每个亲戚朋友都来找我，为我感到高兴。很多人都给我发来了YouTube上的视频链接，里面是做完手术的人第一次开启人工耳蜗的情景。先天失聪的幼儿第一次听到爸爸妈妈的声音时，不知所措地睁大了眼睛。先天失聪的妈妈第一次听见孩子的声音时，眼中充满了喜悦。我忍不住热泪盈眶，因为那一幕幕实在是太感人了！

但要做到这一步并不容易。其实，事情根本没有那么简单。是的，他们听到了！特别是他们过去从未听见过声音的话，能做到这一点确实很了不起。但他们听到的东西根本无法被称为“声音”。对于很多人，尤其是过去能听见的人来说，要经过很长一段时间的适应，说话声听起来才会像说话声，狗叫声才会像狗叫声，歌声才会像歌声。但即使是这样，那种机械的感觉永远也不会消失。这听起来似乎没什么，但如果是你做手术，你一定不会这么想。

我认识两位同样患有III型乌瑟尔综合征的女士——温迪和辛迪。她们都做了人工耳蜗植入手术，也催我赶紧去做。她们说，这是自己一辈子做过的最棒的事，真希望能早几年做。温迪告诉我，她做完手术后去看了电影《林肯》（*Lincoln*），里面几乎每一句台词都听清了。而那是我看过的最话唠的电影！似乎到目前为止，我还无法想象这件事发生在自己身上。再说了，我的听力似乎还远不及她们糟糕。我一直对自己说，我或许还没准备好，还应该再等等。其实，我只是想给自己的恐惧找个借口。

在聋人群体中，人工耳蜗植入一直是个有争议的话题。部分原因在于，聋人已经有了自己的语言和丰富多彩的文化，并不将耳聋视为一种残疾。另一个原因是，它并不适用于每一种耳聋。还有一个原因是，对很多天生失聪的人来说，它会带来令人难以忍受的噪声。经过艰难的手术和适应过程后，他们还是无法辨别声音，无法理解自己听到的东西，只能听见响亮的噪声。

此外，人工耳蜗植入手术非常昂贵。我知道自己很幸运，这个手术能改善我的生活，我的医疗保险会支付大部分费用，我和我的家人也有能力支付剩下的，而很多患者都无力支付。我知道自己不应该这么害怕，而应该感谢上天，做最好的打算。

在所有的亲戚朋友里，只有丹尼尔持不同意见。他让我再考虑一下针灸、冥想和瑜伽。他还向我保证，我和他还有很多人一样，能自己治愈疾病。我真想问问这些玩意儿对他有什么效果，但最后还是忍住了。我不置可否地应付了过去，决定以后再也不和他讨论这个话题了。我当时确实是被吓坏了，我也很理解丹尼尔看问题的方式。他之前试过很多西药和各种疗法，但都无济于事。我知道，他只是想保护我。

我也知道，丹尼尔止步不前了，他无力改变自己的状态。我见过很多因为工作、哀悼、恋情或愤怒而止步不前的人，出于某种原因而无法继续前进的人。在我的心理治疗室里，我会倾尽自己所能，帮助他们摆脱困扰，大步向前迈进。我会帮他们认识生活中的拦路虎，帮他们克服阻碍，继续前进。

不幸的是，你不能简单地“跨过去”“越过去”或“绕过去”，唯一的方法就是“冲过去”。用现代人爱说的话来说，就是“只有投入才能治愈”。每一件让我感到自豪的事，我都为此付出了不懈的努力。据我所知，这个过程没有捷径可走，只有不懈奋斗。我督促我的病人克服障碍，督促动感单车课上的学生加倍努力，突破自己所认为的身体极限，发掘出自己真正的潜力。

人们往往会在生活出现波折时止步不前，因为他们早就知道会出现波折。人们会在情况不妙时变得懒惰，因为这种处境是可以预测的，是他们知道可能出现的。要打破这个怪圈，你就需要直面恐惧，探索未知，而不是一味逞强。

因此，尽管充满了恐惧和疑虑，我还是决定尽早安排手术。好，就5月吧！刚把日期定下来，我就想申请延期了。但我没有这么做，因为我知道，做这件事永远不会有“合适”的时机，我不会某天早上醒来突然觉得准备好了。我的家人已经计划好要来了，他们都修改了自己的日程，好在手术前后陪在我身边。爸爸妈妈事先商量好了，确保他们陪我的时间不会冲突。我现在要做的就是打疫苗，努力工作，把做手术的时间空出来，然后耐心等待。

艾伦继续研究人工耳蜗，还给我列出了手术的利弊。我脑子里有无数个念头在打转，同时也充满了焦虑。我总在想：“如果……怎么办？”起初，我怎么也想不通，为什么自己会觉得做手术是个好主意。

随着手术日期逐渐临近，我越来越害怕了。这个时候，我突然意识到，自己止步不前了。我很害怕，也很悲伤，因为这一天终于来了，我的乌瑟尔综合征已经发展到了不得不做手术的地步，我真的要变成又聋又盲的女孩了。手术无疑会让我的生活变好，我无疑会习惯的。但恐惧还是战胜了勇气，让我踟蹰不前。我满脑子都是消极的念头，因为我实在是太害怕了。

我知道自己需要做这件事，就像我给自己的病人提出的建议：接受失去的东西，充分感受当下的悲伤和恐惧，这样才能走向未来。

早些年，我根本不知道自己会失去这么多东西，根本不相信自己的听力会变得如此糟糕。现在，事情已经发生了，我却不敢放弃自己仅剩的东西——真实的声音。尽管我的耳朵有时会放大我不想听的声音，有时会屏蔽我想听的声音，但我妈妈的声音听起来还是她的声音，卡罗琳的笑声听起来还是她的笑声，奥利弗烦人的叫声听起来还是它的叫声。我知道，做完植入手术以后，一切都会改变。如果我有孩子的话，我再也听不见他真正的哭声或嗓音了。他们不断会调试，直到声音听起来最接近真实，但它永远都不会是真实的了。这是最困扰我的一点。

我承认，我还有个很肤浅的念头：不想被他们剃掉一圈头发。如果我梳马尾辫，就像平时一样，每个人都能看见植入物。我还得戴上一个小耳机，看起来就像特工一样。我还没想清楚，看起来像特工和看起来像做过手术哪个好一点。我是个住在纽约的单身女人，人工耳蜗（加上盲杖）绝对谈不上性感，更谈不上漂亮，虽然艾伦口口声声说这一点也不重要，说我美艳不可方物，没人会在意这些的，如果他们只注意这些，那就去他们的。唉，如果所有男人都这么想就好了。

最后，我内心的另一个声音告诉我："是的，但你能听到了。"它耐心地等了很久，等我准备好了听它说话，才站出来发言。没错，我又能听到了。我再也不会在晚宴中间卡壳，我会再一次变得机智诙谐，不仅仅是在短信或电子邮件里，还有在餐桌上。我可以讲笑话把别人逗乐，还可以在别人一讲完笑话就哈哈大笑。我可以去好好看场电影，而不是花钱去睡午觉了。

毫不夸张地说，帮助别人也是我帮助自己的一种方式，这能让我更好地接受别人的帮助。它会给予我力量，让我构建属于自己的世界。它让我知道，我很能干，不是没用的人。这种感觉真是棒极了！帮助别人的感觉总是很棒，而随着我越来越需要别人的帮助，我也越来越需要那种感觉了。植入人工耳蜗，这个让我彻夜难眠的念头，将帮助我找回那种感觉。即使有一天我彻底失明了，我也能继续给别人做心理治疗。即使病人说话的声音听起来像外星人，我也能听懂他们说的是什么了。虽说我很讨厌电子音，但我总算是能认真倾听了。

睡不着的时候，我会不断对自己重复手术积极的一面。

吸进平和，呼出恐惧。我以后能认真倾听并听清病人说的话了，我不用在某一天关掉心理诊所了。

吸进平和，呼出恐惧。我不用每天问上50次“你说了啥”了。

吸进平和，呼出恐惧。我熬过了那么多场事故——意外坠落、饮食失调——也直面了越来越糟糕的视力和听力，做手术对我来说是件好事。这很可怕，但是件好事。

吸进平和，呼出恐惧。

当然，我也可以继续等下去，等到能做“隐形植入”手术。到时候，从外面就看不见植入物了。我考虑过，但那可能要等上2年或更长时间，而我现在就有资格做手术了。我知道，再等下去既对不起我自己，对不起我的病人，也对不起所有爱我的人。人的本性就是相信未来会发生更好的事，但我活不了那么久，我必须活在当下，现在就要做选择。我的选择是：对，我现在就要做手术。

◆ ◆ ◆ ◆

手术前几天，我的右膝盖做了一次核磁共振检查。过去的几个月里，它一直在疼。一旦我做了植入手术，就再也不能做核磁共振了，因为我的身体里会永久地留下一块金属。检查结果并没有让我觉得意外，因为事故发生后我一直非常依赖右膝盖。医生对我的关节痛也无能为力，只是建议我尽量少用右膝盖，很显然我是做不到的。他还给我推荐了一位物理治疗师。我答应一有空就去见他，但我也不知道那会是什么时候。

手术前两天，看完最后一个病人后，我刚关上办公室的门，马上又把它推开了。我想再看最后一眼，确认东西都带齐了，确保屋里足够整洁，好迎接我胜利归来。我不知道那会是什么时候，我希望是几周后，但也可能是一个月后。我原本以为自己一周内就能恢复工作，但很快就意识到这是不可能的。

手术前，我对别人说得最多的就是“我头上要钻个洞”。我知道这听起来很傻，但我只懂得这么跟别人解释。这样，他们就不会看见我的悲伤和恐惧。卡罗琳开玩笑说，要给我的人工耳蜗做点儿装饰。她向我保证会买一整套镶钻工具，把它打扮得漂漂亮亮的。

我走在回家的路上，街上冷冷清清的，只有几个遛狗的人，还有几个身穿西装、背着公文包、一脸疲惫的男人。我很高兴整条人行道都归我所有。回到家后，奥利弗像平时一样热情地跑来迎接我，就像几周没见到我了一样。它拼命摇着尾巴，把前爪搭在我的膝盖上，扑上来舔我的脸。这一回，连可爱的小皮猴也无法消除我的恐惧了。不过，它温暖的身子紧紧靠着我，让我的感觉好了不少。

但孤独和悲伤还是压垮了我。我知道自己需要做些什么：为我即将失去的东西默哀，对我的耳朵说再见。独自一人的时候，我通常能靠泡澡得到安慰。我家的浴缸是典型纽约式的，也就是说，长度不够我把腿伸直，深度不够我把全身泡进去。不过，身体慢慢滑进温水里还是能让我的身心平静下来。我躺在浴缸里，脑袋后仰，双眼紧闭，感觉温水轻柔地裹住全身。我终于放松了下来，慢慢哭了起来。眼泪过了好一会儿才掉下来，但在我开始抽泣之前，所有的恐惧、悲伤和期待已经统统涌出来了。我抚摸着自己的耳朵，向它说对不起。我知道这听起来很奇怪，像是在冒傻气，但我确实很抱歉。它已经尽了全力，但没有奏效，而且以后再也不能正常工作了。我向自己道歉，因疲惫而哭泣。我厌倦了试着跟上别人的节奏，努力像别人一样生活，假装自己既能听见也能看见。我知道，接下来的几个月里，自己会更加疲惫。我希望，也祈祷，生活会变得容易些。这就是我做手术的原因，为了让自己活得更好。

51

手术那天早上，我和妈妈、卡罗琳还有艾伦6点半就到了医院。我吓得要命，头一天晚上基本没睡。最“棒”的是，我还查出了尿路感染！我换上了病号服，卡罗琳负责把东西放到远离地面的地方，免得粘上医院里的细菌。她还给我带了枕头，不但套了双层枕套，外面还裹着垃圾袋。我把病号服的后摆掀了起来，把医院提供的一次性大内裤秀给艾伦看。他翻了个白眼，卡罗琳笑得不行，妈妈则骂了我几句。

罗兰博士走了进来，我努力保持冷静。吸进平和，呼出恐惧。我还在担心自己选的人工耳蜗，不知道是不是该换一个，还开始质疑自己几周前做的决定。

妈妈和艾伦把医生团团围住，不停地提问题。艾伦问他会用什么麻醉药，会不会导致我便秘。我就像有了两个犹太妈妈一样。卡罗琳通过手语把其中最重要的问题转告了我，因为她看得出，我很高兴这个时候他们能应付医生。她和我一起蜷在躺椅上，我的脑袋搁在她肩头，艾伦则帮我揉脚。这个时候，我最需要的就是依靠。接下来，我站了起来，做了几次俯卧撑、双臂屈伸和靠墙蹲坐，努力让自己冷静下来。卡罗琳也试着用自己的方式帮助我。她戴上我的手术帽，把塑料手套吹成了带5个手指头的大气球。

麻醉师一走进来，我就告诉他，我最关心的是止痛药。我忘不了意外坠落后那难忍的疼痛，只希望手术结束后能有很多很多的止痛药等着自己。

终于轮到我进手术室了，妈妈、卡罗琳和艾伦轮番过来安慰我。然后，护士把我推进了电梯，不让我自己走过去。她告诉我，没有哪个病人是自己走进去的。我在等着被推进手术室的时候，罗兰博士跟我聊了会儿天，可能是想缓解我的紧张。他告诉我，他儿子刚刚从大学毕业，他会和家人一起度过阵亡将士纪念日的那个周末。后来，他们终于把我推进去了。躺在冰冷的手术台上时，我真希望带着丽莎的那张混音CD。但我想想又觉得好笑，反正我现在也听不见了。我请他们开始麻醉的时候不要倒数十下，然后，我就闭上了眼睛，静静地躺在那里，吸进平和，呼出恐惧。我记得的下一件事就是清醒过来，浑身难受，脑袋昏昏沉沉的。我问护士，有没有人能帮我做翻译，因为我的右耳已经听不见了，而且由于整个脑袋都被绷带缠得严严实实的，就像裹了头巾一样，左耳也戴不了助听器。我找不到眼镜，而且麻醉药效还没过去，眼前还是一片模糊。护士很不耐烦地让我先坐会儿，等她去找个手语翻译。但我最需要的其实是妈妈或者卡罗琳。在当时的情况下，我根本没法和陌生人说话，更别说是用手语沟通了。那一刻，我觉得特别无助，特别像个残疾人，我需要一个知道怎么和我沟通的人。

后来，卡罗琳告诉我，手术结束后，她疯了一样地想见我。她知道，我需要她。最后，她不顾护士的阻拦，硬是从一群人中间挤了过去，冲进了术后恢复室。我握着她的手，开心得不得了，终于放松下来了。这时，我仿佛瞥见了自己原本会变成什么样子——又聋又盲，与世隔绝，无法跟别人沟通。那个场景是如此恐怖，一下子就把我从迷糊中惊醒了。我突然意识到，人工耳蜗是一份珍贵的礼物，拯救我于水火之中。

当天晚些时候，我就出院回家了。但在接下来的2周时间里，我一直头晕目眩，比预想中痛苦得多。第一周，妈妈一直陪在我身边，睡在沙发上，好时刻照顾我。此时此刻，我只愿意让妈妈照顾自己。她给我做饭，打扫卫生，把当天的菜单写在白板上。但有生以来第一次，我竟然不想吃东西！似乎没有什么能把我的恶心和眩晕压下去，直到一个朋友给我带了些大麻饼干。咬下第一口，我就成了医用大麻合法化的坚定支持者！

两天后，卡罗琳为帮我洗头颇费了一番心思。她在浴室里堆了很多枕头，在上面罩了一只巨型垃圾袋，然后坐进浴缸里帮我洗头。这让我想起了那次意外坠落后的事，但这次我并不是特别期待。我不想解开头上的绷带，即使解开了，也不想看见手术部位，虽然妈妈和卡罗琳都信誓旦旦地说，它看起来很棒，比预想中好得多！她们用手机拍了照，拿给我看。我惊讶地发现，她们说得没错。手术缝合线藏在我的耳朵后面，一点儿也不显眼。而且，尽管很多做手术的人都被剃掉了一大圈头发，但我的头发只少了一点点。

◆ ◆ ◆ ◆

接下来的几周里，我尽可能不给左耳戴助听器，因为只有一侧听力会特别难受，就像坐飞机时只有一边耳朵被堵住了一样。我祈祷这种感觉赶紧消失，因为一旦开启了人工耳蜗，我就得尽量用右耳听声音了，这会有助于我尽快适应。那时，我听见的声音会和通过助听器听见的很不一样。医生和听力矫正专家都告诉我，我应该先适应人工耳蜗，再把右边的人工耳蜗和左边的助听器结合起来。在那几周里，我走路就像醉醺醺的酒鬼一样，不让人扶着就无法保持平衡。

我无法想象，开启人工耳蜗后，一切听起来会有多不一样。但我试着提醒自己，每个人刚开始的时候都不适应，我得有耐心。

我告诉自己，我很幸运。现代医学为我保驾护航，给我加油鼓劲，赐予了我听力，或许有朝一日还会赐予我视力。不过，我无法想象自己视力、听力健全的样子，就像无法想象自己变得又聋又盲一样。

52

手术结束后3周，我去医院开启人工耳蜗。那天早上，艾伦、波利和我一起挤在听力矫正专家的小办公室。他们都非常激动，满怀希望。我坐在那里，双手紧握，试图缓解自己的不安。我还是担心自己的新耳朵听声音会很奇怪，担心自己下半辈子都听不见正常的声音了。劳雷尔递给我一个可以固定在头部的磁力耳机。我得把它按在手术部位，直到她让我放手。它顺利吸住了！起初，我不敢转动脑袋，也不敢大幅运动，但我很快就意识到，它被我的脑袋里的磁铁牢牢吸住了。我问劳雷尔，其他东西会不会吸上来。她开玩笑说，我靠近冰箱的时候可能会被吸过去。我心想，冰箱对我已经够有吸引力的了。但我知道，如果强作镇定说笑话，我的声音一定会打战。

开启人工耳蜗之前，劳雷尔向我保证，不管听见什么都是正常的，大脑很快就会调整过来。人工耳蜗开启的时候，屋里很安静，但我马上就听见了一个声音，不过一时分辨不出是什么。我感觉到了电流脉冲，就像做听力测试的时候一样。我能同时听到和感觉到脑袋里的回声。劳雷尔一边放音阶，一边对我打手语。那些声音听起来都很刺耳，很吓人。然后，她开口说话了："我们开始吧。你能听到我说话吗？"

那实在是太令人震惊了！我觉得自己像是莫名其妙地走进了挤满人的房间，大家在同时对我大喊"给你惊喜！"我的大脑还没弄清到底发生了什么事。我嘴里冒出的第一句话竟然是："妈的，糟透了。"我赶紧捂住嘴，向劳雷尔道歉，然后忍不住又说了一遍。我的声音听起来怪极了。"是我在说话吗？"我问。当然是我在说话，但我的大脑还反应不过来。所有的声音听起来都是那么刺耳、那么单调。最开始，声音就像是从我脑袋里发出的一样。艾伦也开始说话了，他的声音听起来又尖又吓人，我简直要从椅子上摔下去了。"该死！是你在说话吗？"他笑了，笑声听起来又刺耳又邪恶，就像魔鬼在奸笑。他的口气听起来和劳雷尔的完全一样。我简直惊呆了。我放弃了真实的声音，却换来了如此机械化、电子化、令人毛骨悚然的声音？千万别哭，吸进平和，呼出恐惧。我觉得自己说"妈的"的频率肯定会远超常人，所以，我尽可能打手语。

我的耳鸣没有消失，但声音小了一些，因为我现在听到的声音似乎和耳鸣来自同一个地方。我既想把人工耳蜗从脑袋里扯出来，又充满了好奇，想知道这个疯狂的小东西能做些什么事。

劳雷尔给我念了几个词，“棒球”“冰激凌”“爆米花”，我竟然都听出来了。不是因为我能听清这些词，而是因为我能辨别有多少个音节。第一天就能辨别出这么多声音，简直把我乐坏了！我听到她说“我爱吃冰激凌”，就跟着重复了一遍。她冲我点点头，表示我说对了。我心想，只要好好练习，我会越来越熟练的。我决定竭尽全力搞定它！

听力测试结束后，她把耳机取下来，然后一点一点地拆开，告诉我要怎么养护。我有很多东西要记——按钮、指示灯、电池、卡槽、磁铁、防水罩，都在这么一个小小的设备上。好吧，它拿在手里是很小，但戴上后感觉很大。她跟我说了很多东西，但我只听清了很小一部分，因为我被吓到了，还没有回过神来，而且只有左耳戴着助听器。但我知道，波利在认真做笔记，艾伦也像往常一样精神高度集中。他喜欢各种精妙的设备，而这是让我恢复听力的终极设备。他对此的了解比我多得多，别人会以为他才是聋人呢。

卡罗琳一下班就赶紧冲了过来。我只想把一切都交给她，然后好好打个盹儿。我被怪声弄得晕晕的，当劳雷尔把耳机还给我时，我一点儿也不想戴上。她让我成天戴着耳机，每天至少把助听器摘下1～2小时，单靠人工耳蜗听声音。

劳雷尔还告诉我，我应该尽量避免读唇语。她说，我是她见过的最擅长读唇语的人。我觉得这似乎不大可能，因为我的视力比大多数人都差。但我喜欢听她这么说，因为在聋哑的圈子里，这可是一项令人垂涎的技能。我想要读唇语，也喜欢这么做，但她解释说，这会妨碍我学用人工耳蜗听声音。

读唇语是我的救生筏，也是我听别人说话的重要方式之一。尽管我很想不读唇语就听清别人在说什么，但我还是无法想象该怎么做。

我们准备离开的时候，劳雷尔突然大喊了一声：“哦，差点儿忘说了，不要打手语！从现在开始，试着完全依靠人工耳蜗！”什么？我们谢过了她，离开了她的办公室。但一钻进电梯，我就开始跟卡罗琳打手语了。当时，在我看来，一点儿也不打手语、不读唇语似乎是不可能的。我需要对卡罗琳解释自己的感受，而打手语是最佳方式。“不要打手语！”艾伦喊了一声，卡罗琳则瞪了他一眼。这就是典型的艾伦和卡罗琳。他们都想帮我，但用的方式完全不同。

回到公寓里后，我取下助听器，只戴人工耳蜗，但艾伦说的话我听懂了不少。直到他指出来，我才意识到了这一点。但那些声音听起来一点儿也不像他。每当他哈哈大笑的时候，听起来都像是魔鬼在奸笑，但我不知道为什么会这样。我大脑里听声音的部位似乎和过去完全不一样了。我就像是从另一个频道听他说话，虽然能听见，但感觉很不对头。不过，我能分辨一些单词，也能听懂他在说什么了。

劳雷尔让大家尽量读书给我听，但要从简单的开始。我记得辛迪告诉过我，她重新学听声音的时候看了很多肥皂剧，因为戏剧化的简单对白比较容易理解，也比较容易跟着念。我可忍不了肥皂剧，所以，在接下来的一周里，波利给我读了《人物》（*People*）、《返璞归真》（*Real Simple*）和其他一些杂志。我听说帕里斯·杰克逊试图自杀，凯特王妃和威廉王子在为生宝宝做准备，还学到了不少整理厨房的诀窍，也可能是优先注意事项，这个我没太听清。

开启人工耳蜗后的第一天晚上，卡罗琳来我家过夜。上床睡觉之前，她坐在我身边，给我读儿童绘本《逃家小兔》（*The Runaway Bunny*）。有史以来第一次，她坐在了我的右手边。我就像小孩子一样，得从最基础的单词学起。她慢慢地读，认真解释每个词，奥利弗则坚定地挤在我们中间。她读完以后，我们一起抱着奥利弗进入了梦乡。“晚安，我的小兔。”我对奥利弗说。我顺利熬过了第一天。

吸进平和，呼出恐惧。

53

接受手术6个月后，我通过人工耳蜗听到的声音已经和头几个月完全不同了，起码不再是又刺耳又单调了。我辨别词语的能力也大有提升，不过听到的声音还是很机械化。

对我来说，听声音一直是件很费劲的事。从孩提时起，我就没有毫不费力地听过声音。如果我想知道别人说了什么，或是自己身边发生了什么事，就得集中全部注意力。这个过程总是让我疲惫不堪。实在太疲倦的时候，我免不了会走神。我也不想这么做，不想承认自己失败了，但有时候听声音实在是太累人了。

最开始，学习用人工耳蜗把我听声音的过程变得更复杂了，因为我听到的是经过数码加工的声音。这就意味着，我不但要特别专注地听，还要努力辨别和理解听见的怪声。人工耳蜗开启后的头6个月里，医生会鼓励病人晚上提前2小时睡觉，或者在白天抽空打个盹儿，因为这个过程实在很累人。大多数时候，我都希望自己白天能多打几个盹儿，晚上还能早点儿睡。

虽然我听声音还是很费劲，但靠人工耳蜗辨别词语已经轻松了不少。用自然耳和仿生耳同时听声音是一件很难的事，因为两边耳朵传来的声音完全不同，需要大脑进一步处理。开启人工耳蜗3个月后，我进行了术后第一次正式听力测试。手术前，即使戴了助听器，我右耳的听音正确率也只有26%，但在手术后，这个数字升到了76%。尽管不是别人说什么我都能听清七八成，但这个数字说明了一切。

从小我左耳的听力就比右耳好。我总会不知不觉地让左耳冲着说话的人或开着的电视。我从来没有用过右耳接电话，这是我缺失的一环。但现在，我只能靠右耳了。虽然声音听起来还是有点儿扭曲，很不自然，但已经比用助听器听得清楚多了。别人问起的时候，我总是说，用助听器和人工耳蜗的区别，就像听老旧的磁带和崭新的CD的区别。

但恢复听力不是一朝一夕的事。它背后是无数个小时的听力治疗，家人和朋友的大力支持，还有想听清声音的迫切心情。其中最关键的一点是坚定的决心。

我以为自己会担心人工耳蜗看起来太显眼，但其实我根本没有时间去想这件事。而且，我现在拄盲杖也越来越频繁了。我确信，有了这么显眼的道具，没有人会对我的耳朵多看一眼。

54

在我的一生中，我有很多次别无选择，只能直面痛苦和悲伤，充分接纳那些感觉。我觉得，大多数人只有这么做了，才能继续前进。情感很容易被埋藏起来，但它们卷土重来的时候通常会变得更强烈，更有破坏性。我们害怕别人觉得自己脆弱，害怕对某些事投入太多的感情。人们往往将哭泣等同于软弱或幼稚，但我认为事实恰恰相反。孩子在忘掉怎么哭泣之前，都懂得表达自己的感受，然后继续前进。他们如果摔跤磕破了膝盖，或是被朋友伤了心，就会哇哇大哭，哭完也就完了。我的很多病人在我办公室外面从来不掉眼泪，但在冲破这道壁垒后，他们的感觉好极了，整个人更加放松，心态也更平和了。

我就是这么对待盲杖的。我任由自己讨厌它，为它伤心，为它哭泣。渐渐地，我不会在大晚上掉眼泪了（但有时还会）。我渐渐发现，有了盲杖的辅助，我走起路来更自信了。一天晚上，我正沿着人行道往前走，突然发现有个女人走得离我很近。我走到街角，在斑马线前等红绿灯，信号灯刚变颜色，她就直视前方，大声宣布："现在你可以走了！"

虽然我看不清人行道，但看正前方的东西还是没问题的。我很想告诉她这一点，很想对她说："谢谢，但我不需要你的帮助。"但我没有这么说，只是默默地过了街。

走到下一个红绿灯，她又这么做了。再下一个红绿灯也是。我很想说些什么，告诉她我不是真瞎了，不需要别人的帮助。但我没有这么做，而是做了对我来说最难的事——我装作是盲人，接受了她的帮助。走到每个街角，我都会等着她的声音响起。就这样，我默默走过了几个街区后，终于转身对她说了声"谢谢"。

默默走过那些街区时，起初我觉得很别扭。我觉得，不告诉她我能看见东西，其实是在撒谎，至少不是很诚实。但与此同时，我又不好意思不接受她的帮助。我的边缘视力已经很差了，但我知道旁边有人能看见我们，也能听见我们说话。我觉得很尴尬。随着和她相伴走过一个又一个街区，我开始想，接受别人的帮助又怎么样？不接受只会让自己活得更艰难。总有一天，我会需要别人帮忙，会需要除了亲戚朋友之外的陌生人帮忙。多一双眼睛帮我盯着路不是很好吗？如果在我看不见的拐角，突然有车冲过来，她会提醒我的。我确信，帮助我也会让她感觉良好。我需要学会对此释然。

回到家后，我意识到，这也是盲杖练习的重要组成部分。事实是，残疾人需要帮助，而我讨厌被人帮。残疾的现实是不会改变的，所以我不得不做出改变。

◆ ◆ ◆ ◆

如今，我已经爱上了我的盲杖。我还是不喜欢在约会的时候带上盲杖，平时白天也用不着它，但它已经成了我晚上出行必不可少的工具。把它带在身边，我会觉得更自信，更安心。我不是不习惯独处，但走在阴暗的街道上真的很可怕。我现在会想：拄着盲杖的时候，我看起来是显得更脆弱了，还是显得不那么脆弱了？抢劫犯或强奸犯会可怜我这个盲女，所以不来抢劫或伤害我吗？还是说，它让我更容易变成抢劫犯或强奸犯的目标？

我现在外出旅行的时候总会拄上盲杖，特别是在宾夕法尼亚州的车站或机场里。它让我做事变得更容易了，通常还能提醒人们别挡着我的道。我过去总是很害羞，但现在意识到了，反正我也看不见谁在看自己，而且人们通常都很乐于助人。所以，我只要顺水推舟地接受帮助就好了。我还意识到，别人看你的时间根本没有你想象得那么多，他们忙自己的事还忙不过来呢。

我会爱上拄盲杖，或许是源于我得到的回应。我外出旅行的时候，机场和火车站的工作人员总会问我是否需要帮助。当我告诉他们我需要时，他们提的下一个问题总是："你需要轮椅吗？"不知怎么的，人们似乎总是分不清不同的残疾。幸运的是，视力障碍并不会影响我走路。每当这个时候，我总想回答：“哦，不，我的身体说不定比你还强呢。”但我不会这么说，只会轻描淡写地说上一句：“不，我腿脚没问题。”

55

我第一眼看见彼得和太太艾莉森的女儿，我的小侄女艾娃，就深深地爱上了她。她是我的小宝贝、小甜心，也是我各个感官的大冒险。她的皮肤摸起来是那么柔软。她呼吸中带着奶香，吹在我脸上暖暖的。我捧着她又柔弱又美丽的小脑袋，摸了摸她的小鼻头，还有像玫瑰花蕾一样的小嘴唇。我能感觉到她额头的温度，因为我在上面印了好多个吻。当我把她抱在胸前时，还能感觉到她的小心脏在怦怦直跳。毫无疑问，她是世界上最美妙的小宝宝！我妈妈和外婆在我们身边喜气洋洋地转来转去，我家四世同堂的梦想终于实现了。我知道，她们希望我也能有这么一天，希望能抱抱我的宝宝，希望我能拥有和其他女人一样的东西。

◆ ◆ ◆ ◆

最近，我和妈妈通了一次电话。她打电话过来的时候，我刚刚结束一整天的工作，累得筋疲力尽，正从办公室慢慢走回家。我耳鸣得厉害，基本听不清声音，我还忘了拿盲杖，只能紧紧盯着正前方的人行道。还好那段路不长，而且我对路很熟。我和妈妈一直东拉西扯，聊最近发生的事。当我流露出想挂电话的意思时，妈妈终于像往常一样转了话题。我确信，对大多数30来岁的单身女性来说，这个话题都不陌生。是的，那就是我妈妈最爱聊的话题：我的感情生活。

“那么，你最近身边有合适的男人吗？”她假装随意地问了一句。

这个问题很可怕，但还在我的意料之中。哦对，妈妈，我刚刚遇见了真命天子，只是忘跟你说了！！！不是我“最近”身边没有男人，而是没有值得向家里汇报的男人。我早就不试着跟妈妈解释在纽约“单身”和“跟人约会”的微妙关系了。她就像是听人讲童话故事的小孩，我嘴里说出的每个字都会让她浮想联翩。于是，我和她讲了我即将进行的约会。我对那个男人几乎一无所知，只知道他长得很帅，是我在健身房锻炼时过来搭讪的。当她开始询问具体细节的时候，我突然意识到，她已经在想把女儿和这个陌生人凑成一对了。尽管他或者我（更可能是我）很可能会取消这次约会，但鉴于妈妈对我的婚姻和有朝一日可能出现的外孙抱有这么大的期待，我只好假装对即将到来的约会兴奋不已。

“乔恩现在怎么样？”她问，“你好像挺喜欢他的。”我翻了个白眼。当然，除了我自己之外，没有人会看见。我怎么这么傻啊，妈妈当然不会满足于八字还没一撇的约会。她希望我能在感情生活和未来的生活中“采取主动”。妈妈常常告诉我，她是多么为我骄傲。我知道，她只是希望我快快乐乐，拥有美满的人生。她希望我的未来有保障，当然了，最好再让她多抱几个外孙。她显然不觉得我的残疾会造成问题。

“你是哥伦比亚的双硕士，”她会告诉我，“这是个了不起的成就，对任何人来说都是。”“谁会不想跟你在一起？残疾又不要紧，你又漂亮，又聪明，又风趣，不想跟你在一起的男人肯定是疯了。”

等我走到家门口的时候，我们已经没什么话可说了。通常，只要我不置可否地应付上一阵子（“嗯……嗯，嗯。”），就会出现这种情况。现在，我只想打开家门，回到亲爱的奥利弗身边，把助听器摘下来，在睡觉前和狗狗一起享受几个小时的欢乐时光。

“嗯，我爱你，妈妈。”我对她说。

“我也爱你，小甜心。”

“好，回头再聊。”

“好，听起来不错。对了，贝基，你现在已经34岁了，为了安全起见，你可能得考虑把卵子冷冻起来了。”

说真的？我妈妈怎么知道，我在周二晚上10点只想聊聊“为了安全起见，把卵子冷冻起来”？这是和我开玩笑吗？

◆ ◆ ◆ ◆

小时候，我从来没有考虑过要做妈妈。我不记得自己想过要生几个孩子，也不记得自己到底有没有想过要生孩子。我知道，对于30来岁的纽约女人来说，冷冻卵子已经司空见惯了，但在妈妈说出那句话之前，我从来没有考虑过要这么做，更别说是为了生孩子去那种地方了。

做妈妈的想法可能会把一些人吓到，偶尔也会把我吓到。这个想法或许会让一些人为我难过，因为他们无法想象我也能做妈妈。但我知道，自己会是个很棒的妈妈。我很有爱心，精力十足，乐于分享，爱教别人，也爱大笑。我喜欢孩子，喜欢做手工，喜欢玩有趣的拍手游戏，像“苏西小姐”（Miss Suzie）或“走在小河边”（Down by the Banks），还会唱世界上任何一首野营童谣。我还有许许多多的榜样——我妈妈、波利、卡罗琳的妈妈，还有我无与伦比的外婆和奶奶。

34岁的我想要的东西和大多数人一样——一个无条件爱着我的伴侣。我想要孩子，想看见他们的眼睛，听见他们说的第一句话。我想要一个充满爱意和欢笑的家庭。我希望这是我能拥有也会拥有的东西。我不打算随便找个人凑合，不会因为残疾就觉得自己低人一等。我们每个人都有缺陷，只是我的更明显一点罢了。我相信，我能找到适合自己的人，一个想要我也需要我的人，就像我想要他也需要他一样。我相信，只要敞开心扉，随心而动，敢于冒险，知道凡事皆无一定，只有把握机会才能找到真正的幸福，所有人都能找到适合自己的那个人，或许还不止一个。

但想到把小宝宝抱在怀里，看着他从婴儿长成大人，继承我古怪的幽默感或者蓝眼睛，我心里还是有一丝怀疑。我知道爸爸妈妈残疾的孩子会学到多少东西，多懂得体谅别人，设身处地为人着想。但我也知道，他有时候会不得不做出妥协，会因为我错过很多事情，或许还会比其他孩子更早学会独立生活。当然，我想教孩子独立自主，教他们应对棘手的情况，但我永远不希望孩子觉得有义务照顾我，当我的导盲犬，或是觉得我无法照顾他们。对我来说，光是接受别人的帮助就已经够难的了。

我确信自己会是一个好妈妈，一个快乐的妈妈，但我也相信，如果没有孩子，我的人生同样会很丰富，很美满。我经历过那么多不确定性，失去过那么多东西，所以我知道，生活中充满了不可知的因素，我不想去猜测未来会发生什么。像很多单身女性一样，我一直在寻找真命天子。我注册过也注销过很多相亲网站。我认识一位著名的红娘，她是我动感单车课上的学生，拉我参加了不少她组织的活动。有一次在船上举行的活动特别令人难忘。整个晚上，我都穿着超级高的高跟鞋走来走去，四周又昏暗又嘈杂，害得我什么也看不见，什么也听不到。虽然有时候确实很可怕，但我还是会勇敢地走出去和人约会。我不会关上任何一扇门，但也不会幻想真命天子明天就出现。

◆ ◆ ◆ ◆

最后，我终于走到家门口了。我赶紧说：“我会考虑一下的，妈妈。爱你！”然后不等她多说一个字就挂断了电话。或许我是会考虑一下的，但此时此刻，我知道奥利弗正在门的另一边拼命摇尾巴，上蹿下跳地准备迎接我。它在眼巴巴地等着我摸出钥匙，插进锁眼，而对我来说，这从来都不是一件容易的事。我一打开门，它就会扑进我怀里，气喘吁吁地舔来舔去，用小狗单纯的快乐把我淹没。这一刻，它就是我需要的那个小宝宝。

56

作为心理治疗师、残障人士、刚刚战胜饮食失调的病人、有神经质和焦虑倾向的女人、有德裔犹太人基因缺陷的患者，我花了很多时间思考、阅读和谈论如何活在当下。

我需要花时间照顾自己，无论是在情绪方面，还是在身体方面。我一向精力充沛，因为我知道，不让身体出点儿汗，大脑就无法平静下来。我还需要维护和家人、朋友的关系。我总觉得从他们那里得到了太多，所以自己更应该陪伴、帮助、支持他们。我不能总接受别人的帮助，也得反过来帮助别人。我必须朝着一个目标努力，把目光聚焦在一点上。目标可以随时改变，但我确实需要专注于某件事。

或许我就是这么一个人，即使生活的道路上充满艰难险阻，我还是非常乐观。我意识到了，自己是多么幸运。我会竭尽全力让自己健康、快乐，尽管这并不容易做到。这需要付出努力，首先就要满足于现有的生活，为现有的东西感谢上天，把注意力放在它们上面。我有时候会想，正是因为自己身体的残障，还有之前发生的一些事，比如意外坠落、饮食失调和丹尼尔的疾病，我才会把"活得充实"看得如此重要，才会走上自己觉得有意义的道路。我相信，即使遭遇逆境，也要积极地活下去；伤心是难免的，但不能让它主宰自己的生活。

我知道自己现在应该活得开心，尽管这并不容易做到。

可以毫不含糊地说，我每天都在努力让自己活得开心。当然，有时候我也会伤心，也会沮丧，也会想到自己失去了多少东西，也会沉浸在痛苦之中。

但伤心过后，我会提醒自己，我还保留了很多美好的东西：奥利弗只要一见到我，不管是隔了5小时还是刚过5分钟，都会立刻把我扑倒在地，开心地狂舔我的脸；我最好的朋友会在我手心里打手语，跟我分享小秘密；我的身体还很棒，也很有力气；一直爱着我的家人和朋友；我古怪的幽默感；我能帮助别人，让他们更了解自己。

无论发生了什么事，我都会提醒自己要活在当下，好好享受美食，和奥利弗依偎在一起，在动感单车课上努力蹬踏板。当我爱的人拥抱我的时候，我能充分体会并接纳这份爱。

我能充分体会时间的流逝。春天，清风送来了新鲜的气息，雨水将城市洗得干干净净。我能闻到酒窖里飘出的甜蜜而微苦的风信子香气，看见黄色的水仙花和紫色的番红花次第开放。秋天，空气中充满了兴奋和期待，还有一丝丝留恋。阳光洒在地面上的感觉是那么温柔，那么慵懒，不再像夏天那样要把人烤焦似的。金属摸上去不再烫手，空调烦人的嗡嗡声也消失不见了。随着叶子相继枯萎变色，初秋的气味闻起来要比夏天更浓重一些。时间在慢慢流逝，一年也渐渐走向终点。我意识到了这一点，所以会努力把握每一天。

有时候，我的视力会突然变好一会儿，我就能看见平时看不见的东西了，比如星星。那就像是出现了奇迹，会让我一连开心好几天。

我觉得，对大多数人来说，最关键的一点在于选择。我们可以学会接受人生的波澜起伏，接受每天都有潮起潮落这个事实，意识到这是一个周期性的、不断变化的过程。有些时候，我的生活每个小时都会发生变化。早上醒来的时候，我会想“嘿，我现在看得挺清楚呢”，晚上睡觉的时候，我却发现什么也看不见了。有些时候，人工耳蜗能显著改善我的听力，另一些时候，我却得不停问别人：“你说了什么？”我只能默默接受，因为只有这样才能活在当下。

57

耳朵和眼睛总在轮流争夺我的注意力。有一段时间，耳朵成了我的主要关注对象。当时，我在努力适应人工耳蜗。但当听声音渐渐容易起来的时候，急剧变化的视力又打了我个措手不及。

现在，我又有了同样的感觉。我的视力范围缩小得并不明显，但我看见的东西变得越来越模糊了，尤其是在昏暗的灯光下。接待病人的时候，我希望能从头到尾直视他们，这是心理治疗师应该做的。但对我来说，盯着同一个地方看，盯上那么长的时间，其实是很困难的。我不能把办公室布置得像我喜欢的那么亮，因为病人更喜欢宁静、柔和的光线。我觉得，对病人来说，要跟治疗师说一大堆糟心事就已经够不舒服的了，房间最好还是别布置得跟审讯室那么亮吧。而且，尽管病人都很理解我有残疾，但那段时间是属于他们的，而不是我的。把注意力完全放在别人身上，忘掉自己身上发生的一切，对我来说通常是件好事。我有一种独特的能力，能屏蔽周遭的一切，把注意力放在病人身上。但眼睛总在妨碍我这么做。

有时候，我会看见子弹状的白色物体在视野中盘旋。我知道，那是眼睛投射出来的东西，就像悬浮在眼前的电子游戏一样。我讨厌它们，也讨厌它们暗示的东西。过去，我的可视范围虽然不大，但看东西还是清楚的。范围有限，但很清楚。但如今，我离彻底失明又近了一步。

早上起床的时候，情况还没有那么糟糕。但一天结束的时候，我的双眼总是疲惫不堪，只想好好享受黑暗，就像我的耳朵想享受寂静一样。

◆ ◆ ◆ ◆

最近我一直在想，我真是现代医学创造的奇迹！

首先，我有一只仿生耳。它传来的声音既古怪又刺耳，但对我来说却是个无与伦比的奇迹。更何况我还有另一只耳朵，它也帮了我很大的忙。它配有3种不同的助听器，每种都是针对不同的环境设计的。我真希望可以说，它们已经彻底解决了我的听力问题。从长远来看，它们并没有彻底解决问题，但它们确实提高了我的生活质量。

其次，我摔断的腿和身体其他部分都得到了修复——骨骼移植，断骨接续，所有的碎骨像拼图一样拼到了一起。如果没有那些投身科研的医生，我现在肯定已经看不见东西，听不见声音，离不开轮椅了。我对他们的感激之情难以言表。

接下来，还有我的眼睛。我第一次做视力测试是两年多以前。当时，我回到加州，去看了雅克·邓肯医生。她做我的眼科医生已经有15年了。虽然我的视力是变糟了，但没有比我预想得更糟。事实上，在读妈妈做的笔记时，我发现，从某些方面来看，恶化程度甚至不及他们的预期。尽管如此，笔记的最后还是写着，目前尚无针对瑞贝卡视力衰退的治疗方案。

虽然我是个怀疑论者，但我也得承认，前方似乎已经有了一线曙光。有那么多人投身科研，试图运用尖端科技帮我找回视力，还有帮助其他像我一样的人。我得承认，我不但弄不清那些研究的细节，也害怕参与进去，害怕自己对此充满希望，最后却是“竹篮打水一场空”。不过，我当然知道那些研究。这个方面，艾伦和我的爸爸妈妈都帮了我大忙。他们会告诉我每一项最新进展，跟每一位医生和研究人员见面，追踪每一条可能有用的线索。这些都是我自己无法做到的。对我来说，活好每一天就已经够难的了。虽然我的生活通常都很充实，但去想去的地方，给病人看病，教动感单车课，和奥利弗和朋友们共度时光，偶尔再跟人约个会，已经把我的精力耗光了。在这个永不停歇的城市里，大多数人过上一天就会感到筋疲力尽。而对我来说，每天在人行道上寻找方向都是一次新的冒险。因此，如果我不竭尽全力，就不可能熬过去，或许连床都下不了。我没有时间追踪线索或投身研究，因为日常生活已经耗尽了我的精力。

如今，关于恢复视力的研究有了很多新进展。干细胞研究、基因疗法和仿生假肢都前景喜人，甚至有一些病人靠它们恢复了部分视力。2012年的诺贝尔生理或医学奖得主山中伸弥博士就是干细胞研究的先驱，他准备利用患者自身的干细胞进行世界上第一次临床试验。麦克阿瑟“天才奖”获得者希拉·尼伦伯格是一位出类拔萃的女科学家，她正在研究一种被称为“光遗传学”的基因疗法，可以治疗各类视网膜疾病。除此之外，还有很多很多。

经常有人鼓励我参与研究项目，但参与一个就意味着无法参与其他了，所以我还在等待，等待终将出现的科技进步。我希望这一天很快就会到来，希望自己能得到帮助，但我也不会幻想它明天就出现。我必须活在当下，为自己现有的视力感谢上天。对我来说，这是活下去的唯一方法。

58

上周末，我回家参加了艾伦姑姑和卢尔德姑姑的婚礼。如今，同性婚姻在加州已经合法了，携手走过33年的她们终于步入了婚姻的殿堂。彼得和艾莉森也来了，还带着漂亮的小宝贝艾娃。她长大了很多，模样也变了。我特别期待看见她长成大姑娘，看见她一点一点长高，看见她在成年礼和婚礼上露出灿烂的笑容。

法耶奶奶也来了。96岁的她宝刀未老，即将开始亚洲之行。我爸爸、波利、劳伦和丹尼尔也来了。丹尼尔和我住一个房间，他跟我说了自己接下来的计划。他想买一辆面包车，一个人好好生活，不需要爸爸妈妈帮忙。此时此刻，我只希望丹尼尔能快乐。我永远都会许同样的愿望。

婚礼上有DJ助兴，所以我和劳伦跳起了舞。彼得也站起来加入了我们的行列，一边乱扭一边大声唱歌。对我来说，彼得的太太艾莉森现在已经像妹妹一样了。她实在是光彩照人，即使已经疲惫不堪，跳起舞来还是那么迷人。爸爸也加入了进来，跳起了他最爱的扭腰舞。丹尼尔也来了。尽管生了病，他仍然是最棒的舞者。音乐是如此响亮，连我都能听得见。乐声把所有其他的噪声都淹没了。婚礼上放的都是些大俗歌，不外乎是常见的“庆典”和“假日”曲目。它们的歌词早就印在我的脑海里了，所以，我即使听得不是很清楚，也能跟着大家一起唱。我闭上双眼，充分感受当下，和自己在这个世界上最爱的人们一起舞动。我知道，即使以后什么都看不见了，我也会喜欢这么做——被浓浓爱意包围，在黑暗中翩翩起舞。

我也知道，当我精疲力竭地飞回纽约后，卡罗琳会在那里。她在照顾奥利弗，和它一起等着我回去。我会留她过夜。经过一个短途旅行加家人团聚的疯狂周末后，关掉人工耳蜗，摘下助听器，熄灭床头灯，对我来说会是一种解脱。然后，我们会面对面躺在一起，我会握着她的手，用手语给她描述这个周末，在她手心里讲述这个故事。

致谢

我的致谢名单可能会有一本书那么长，还请各位读者多多包涵。

感谢企鹅出版社的高谭图书（Gotham Books）团队，感谢你们在整个过程中的团队合作、编辑、指导和反馈。感谢杰西卡·席德尔（Jessica Sindler）、比尔·辛克尔（Bill Shinker）、丽莎·约翰逊（Lisa Johnson）对这本书的兴趣，感谢你们相信它的力量。感谢劳伦·马里诺（Lauren Marino）的把关和编辑，感谢你鼓励我们做到最好。感谢艾米莉·德奇（Emily Wunderlich）的实时反馈。感谢我的图书宣传人员林赛·戈登（Lindsay Gordon）将这本书介绍给公众和媒体，也感谢你抽空来了解我这个人。感谢和我一样精力充沛的劳拉·罗西（Laura Rossi）帮助我克服对社交媒体的恐惧，感谢你帮我处理相关事宜。

感谢我的图书代理人，拉里·韦斯曼（Larry Weissman）。他几年前就来找过我，耐心等待5年后又来找了我。他告诉我，人们想听我的故事，我应该把它写下来。

感谢苏珊娜·卡哈兰（Susannah Cahalan）以勇敢卓绝的回忆录《疯癫大脑》（*Brain on Fire*）为我铺平了道路，感谢你百忙之中抽空阅读和修改我的作品。

感谢多年来陪我走过这段旅程的医生们。感谢听力专家艾德琳·麦克拉奇（Adeline McClatchy）首先诊断出我的听力问题。感谢听力专家约翰·迪尔斯（John Diles）成为我的第一位听力医生和终身好友。如果编辑允许的话，我会用一整章来描述你对我从青春期直到成年的重大影响。你的办公室是我的避风港。在那里，我会觉得有人能理解自己。在我最需要的时候，你总在那里支持我、陪伴我，而且总能把我逗笑。

感谢理查德·奥肯（Richard Oken）医生和玛西娅·查尔斯–莫（Marcia Charles–Mo）医生。玛西娅，你总是那么尊重他人，那么懂得倾听。感谢你总能让我觉得安心，感谢你的关心和支持。

感谢杰米·埃德蒙（Jamie Edmund）医生，你是我接触的第一位心理治疗师。感谢你的好心肠和带给我的温暖。我永远不会忘记和你共度的时光。感谢罗伊斯中学在多年之后将我列为荣誉校友，我至今为此感动不已。感谢罗伊斯中学让我认识了持证临床社会工作者萨琳娜·琼斯（Serena Jones）。萨琳娜，你是迄今为止对我影响最大的临床社工。

我要特别感谢马克·A. 赖利（Mark A. Reiley）医生和马蒂亚斯·马斯曼（Mathias Masem）医生，他们重塑了我的骨骼，把我的身体重新拼到一起。感谢我在阿尔塔·贝茨医院的护士罗伯塔（Roberta），还有在漫长的恢复期间照顾过我的其他医护人员。

感谢加州大学旧金山分校医疗中心的雅克·邓肯（Jacque Duncan）博士，你的耐心倾听和对视力衰退的理解（无论是情感层面的，还是医疗层面的）都让我非常期待下一次视力测试。感谢施艾氏症眼科研究所的塞缪尔·雅各布森（Samuel Jacobson）博士，他是目前少有的研究III型乌瑟尔综合征的权威专家。感谢密歇根大学耳鼻喉系主任史蒂芬·特兰（Steven Telian）博士丰富的知识和经验。感谢美国国家眼科研究所所长，曾任密歇根大学眼科医生的保罗·西弗尼（Paul Sieving）博士。在我努力弄清自己身上究竟发生了什么事的时候，你的善意、支持和耐心的沟通仍让我感动至今。感谢III型乌瑟尔综合征的促进会创始人，奋勇攻关的理查德·埃尔登（Richard Elden）和辛迪·埃尔登（Cindy Elden）。感谢特别咨询委员会成员大卫·萨珀斯坦（David Saperstein）博士、威廉·哈特（William Harte）博士、萨米尔·帕特尔（Samir Patel）博士和项目经理林赛·怀特（Lindsay Whyte）。感谢你们坚信一定能找到终极疗法，并一直在积极寻找。感谢III型乌瑟尔综合征的姊妹团体——辛迪·埃尔登（Cindy Elden）、温迪·萨缪尔森（Wendy Samuelson）、耶尔·萨珀斯坦（Yael Saperstein）和戴纳·西蒙（Dana Simon），感谢你们的鼓舞和支持。我还要特别感谢辛迪和温迪在我做手术期间的支持和鼓励。

感谢纽约大学朗格尼耳蜗植入中心，特别要感谢世界知名的J. 托马斯·罗兰（J. Thomas Roland）博士和他手下的工作人员，感谢他们熟练地将一片金属嵌入我的颅骨，并小心地将16根电极插入我的耳蜗。感谢劳雷尔·马奥尼（Laurel Mahoney）把我视为独立的个体对待，尽管你每天都有那么多病人要接待。感谢你如此耐心，几乎每次术后面谈都允许我的家人朋友陪伴。感谢言语病理学家卡米尔·米哈里克（Camille Mihalik）和南希·盖勒（Nancy Geller），感谢你们用了那么多创造性的方法，教我辨别不同的词语，学会听数码化的声音。

感谢斯科特·弗里德（Scott Fried）无畏的宣传，让全世界渐渐了解艾滋病。你在我选择职业的过程中起到了举足轻重的作用。

感谢海伦·凯勒国家中心的妮可·费斯特（Nicole Feist）和黛比·费迪尔（Debbie Fiderer），感谢你们帮助我练习独自行走。

感谢比尔·奥斯汀（Bill Austin）、塔尼·奥斯汀（Tani Austin）和斯达克卓越实验中心的整个团队，感谢你们多年来的耐心和慷慨。

感谢峰力/领先仿生公司（Sonova / Advanced Bionics）的凡妮莎·艾哈德·波拉特曼（Vanessa Erhard Blattman）、克里斯坦·拉夫特（Kristine Rafter）、凯蒂·史奇普（Katie Skipper）和其他工作人员，感谢你们欢迎我进入仿生世界，并邀请我到峰力公司总部分享自己的经验。

感谢听力专家卡斯帕·克雷格（Craig Kasper）慷慨地为我提供专业意

见。感谢听力专家雪莉·波吉亚（Shelley Borgia）和纽约听力协会的专业团队帮我适应同时使用助听器和人工耳蜗。

感谢永不疲倦的玛丽亚·巴托丽罗（Maria Bartolillo）和埃德·麦科马克（Ed McCormack），感谢你们让我在圣弗朗西斯德聋哑人销售学校追求个人梦想和职业目标。玛丽亚，感谢你来自远方的支持。你一直是我的榜样！

感谢乔尼·史密斯（Joni Smith），我的超级英雄，我终生的挚友，残疾人权益的保护者。我无法用言语来形容你出色的能力和人格。你鼓励我学习手语，鼓励我接受真实的自己。我一直希望能用手语来表达你对我有多么重要。

感谢我多年的朋友们，感谢你们陪我度过视力、听力衰退的不同阶段。感谢克雷格·斯坦恩（Craig Stein）、大卫·韦斯利（Dave Wesley）和乔·哈灵顿（Joe Harrington），感谢你们成为我最初的好朋友，让我知道自己并不孤单。

感谢我在克罗克高中结交的好友丽莎·纽维尔特（Melissa Neuwelt）和利茨·保罗（Liz Paul），我们的友谊一直延续到了今天。她们都是我最好的朋友，从很早以前就一直陪伴着我。

感谢美妙的天湖约塞米蒂夏令营，感谢塞给我们“简易电话”和“减肥药片”的约翰·T. 豪尔（John T. Howe），还有玛姬·汉密尔顿·勒文贝格（Marggi Hamilton Lowenberg）、泰勒·弗纳洛（Tyler Fonarow）、乔恩·摩尔（Jon Moore）、杰伊·莱文（Jay Levine）、马克·法格（Mark

Faughn）、雷切尔·萨尔兹曼·阿德勒（Rachel Salzman Adler）、斯宾塞·维拉森（Spencer Villasenor）、阿莫斯·布汗（Amos Buhai）、萨拉·克里斯纳（Sara Kirsner）、尼娜·罗斯伯格·贝利（Nina Rothberg Bailey）、玛尼·马克萨摩（Marni Merksamer）、艾米·马克萨摩（Amy Merksamer）。感谢波特诺（Portnoy）一家将"天湖魔法"保存至今。特别感谢罗布·尤特瑞（Rob Yturri）以身作则，向我展示了如何充满爱意、精力充沛地活下去。

感谢我心爱的伯克利女孩，汉娜·卡恩（Hannah Kahn）和梅卡·卡恩·图尔（Meka Kahn Tull），感谢你们给我的生活带来爱意和欢笑。直到今天，我的许多美好回忆里都有你们俩的身影。感谢丹·肯珀（Dan Kemper），你是我和双胞胎哥哥最忠实、最敬业、最乐于助人的朋友。感谢丽莎·德·奥拉齐奥（Lisa D' Orazio）把我介绍给圣巴巴拉的姊妹团体，金·明彻纳·尤班克（Kim Michner Eubank）、苏菲·汉·埃克斯–道格拉斯（Sophie Han Akers–Douglas）、莫妮卡·伊萨扎（Monica Isaza）等。你帮我找回了原有的生活，欢迎我进入了自己的朋友圈。感谢你在我最需要朋友的时候进入了我的生活，而且再也没有离开。

感谢密歇根大学的卡尔·霍维茨（Carl Horwitz）、杰里米·米勒（Jeremy Miller）、戴夫·罗斯（Dave Roth）、米歇尔·拉根·扎奇尼（Michelle Ragen Zacchini）和克里斯汀·卡瑞克罗斯基（Kristen Korytkowski），感谢你们成为我最亲密的朋友和室友，和我分享了大学最美好的回忆。

感谢我在纽约的老朋友哈里斯·考恩（Harris Cowan），感谢你每一次帮我搬家，做我积极的支持者。感谢米歇尔·何（Michelle Ho）一直是我耐心倾听而不做批判的好朋友。

感谢纽约The Fhitting Room健身房的出色团队用激情感染我，帮助我保持理智。

感谢基思·格瑞尼斯（Keith Gornish）和肖恩·罗杰斯（Sean Rogers）把我引进功能性健身的世界，和我一起体验了那么多精彩的健身课程。

感谢莫尼克·达什（Monique Dash）、卡西·汤普森（Cathe Thompson）、雷切尔·斯伯里（Rachel Sibony）和“昼夜平分”健身团队的其他成员，感谢你们多年来的支持和鼓励，促使我成为最棒的健身教练。感谢“洛杉矶运动俱乐部”的丽莎·高斯波尔（Lisa Gausepohl），感谢你从来没有放弃我，尽管我有那么多问题。感谢“纽约健康壁球俱乐部”的玛丽安·唐纳（Maryann Donner），感谢你关心自己教练的身体健康。

感谢贝克一家给我的童年带了这么多美好的家庭回忆。

感谢我的家人。感谢我的双胞胎兄弟，我的另一半，我的骄傲，我的喜悦之源。我可以连续几个小时默默陪着你，不用说一句话，却能感到无比安心。你虚心、耐心、自律、乐于助人，是我一生的挚爱。感谢彼得，我们拥有同样的灵魂，同样爱着全人类。你有一种令人难以置信的能力，能让我开怀大笑。感谢艾莉森。我永远不会忘记得知自己要有个小妹妹的那一天，但我没有料到的是，自己后来还会得到一个大姐姐。你和你的家人接受我的方式至今让我感动。感谢可爱的艾娃，我迫不及待想看到你第一次打手语的样子。感谢劳伦，你出生在一个复杂的家庭，但一直是我们中最坚忍不拔、最有主见的一个。感谢爸爸，感谢你的幽默感，你对社区团结、帮助他人、为正义而战的坚定信念。孩子一直是你生活的重心。感谢波利，你对我人生的影响用一本书根本写不完。你是我们家的纽带，是我们每个人都能保持理智的重要原因。感谢妈妈，你一直用如此富有创意的方式表达对孩子、继子女、家人和朋友的爱。你专一，真诚，总是考虑周全。你教给了我“倾听才能理解”的重要性。感谢约翰，你是亚历山大一家的坚实后盾。感谢米奇，你教给了我坚守底线的重要性。感谢皮特和萨拉，我很佩服你们开放的心态和无尽的耐心。感谢艾伦姑姑和卢尔德姑姑，感谢你们多年来做我的榜样，向我展示了爱意味着什么。感谢苏珊和拉里·卡乔尔将我视为家人，像爱自己的女儿一样爱我。

感谢我的外婆和奶奶。埃塔外婆，你始终坚持自我，从不伪装自己。你耐心的倾听和你分享的智慧给了我很多帮助。法耶奶奶，在我们长大成人的过程中，你时不时跨越整个美国来到我们身边。感谢你做我的知己、我的看护、我最好的朋友。感谢你一直提醒我：“但我不能保证现实世界是个完美的玫瑰园。”你们俩的精神将通过我传递给全世界。

感谢奥利弗，我甜蜜的小姑娘，烦人的讨厌鬼，有史以来最棒的小抱枕。你是一个活生生的证据，证明了付出爱必有回报。感谢艾伦，你比世界上任何一个人都了解我。从我们认识的那一天起，我就一直从你那里学东西，这一点至今未变。你是我认识的最聪明、最忠诚、最尊重他人、最有见地、最乐观，也最容易陷入歇斯底里的人。我无法用言语表达你对我意味着什么。感谢卡罗琳，你是我最棒的队友。你愿意握住我的手，和我一起直面最好的朋友才会分享的恐惧。你教会了我沟通，也教会了我履行承诺。

感谢萨沙，感谢你听我说了那么多，而且总能提出问题。感谢你献出了那么多的时间和精力，把我的故事写得活灵活现。还要感谢你总是做美味佳肴，把我的肚子喂饱！